Adobe Acrobat
经典教程 第4版

［美］布里·根希尔德（Brie Gyncild） 丽莎·弗里斯玛（Lisa Fridsma）◎ 著

张海燕 ◎ 译

人民邮电出版社

北京

图书在版编目（CIP）数据

Adobe Acrobat 经典教程：第 4 版 /（美）布里·根希尔德（Brie Gyncild），（美）丽莎·弗里斯玛（Lisa Fridsma）著；张海燕译. -- 北京：人民邮电出版社，2024. -- ISBN 978-7-115-64993-5

Ⅰ. TP391.412

中国国家版本馆 CIP 数据核字第 20240P73J1 号

版权声明

Authorized translation from the English language edition, entitled Adobe Acrobat Classroom in a Book 4e by Lisa Fridsma/Brie Gyncild, published by Pearson Education, Inc., publishing as Adobe, Copyright © 2023 Adobe Systems Incorporated and its licensors. This edition is authorized for distribution and sale in the People's Republic of China (excluding Hong Kong SAR, Macao SAR and Taiwan).

All rights reserved. No part of this book may be reproduced or transmitted in any form or by any means, electronic or mechanical, including photocopying, recording or by any information storage retrieval system, without permission from Pearson Education, Inc.

CHINESE SIMPLIFIED language edition published by POSTS AND TELECOM PRESS CO., LTD., Copyright © 2024.

本书中文简体字版由培生中国授权人民邮电出版社有限公司出版。未经出版者书面许可，不得以任何方式复制或抄袭本书内容。本书经授权在中华人民共和国境内（香港特别行政区、澳门特别行政区和台湾地区除外）发行和销售。

本书封面贴有 Pearson Education（培生教育出版集团）激光防伪标签，无标签者不得销售。

版权所有，侵权必究。

◆ 著　　［美］布里·根希尔德 (Brie Gyncild)
　　　　［美］丽莎·弗里斯玛 (Lisa Fridsma)
　　译　　张海燕
　　责任编辑　王　冉
　　责任印制　马振武

◆ 人民邮电出版社出版发行　北京市丰台区成寿寺路 11 号
　　邮编　100164　电子邮件　315@ptpress.com.cn
　　网址　https://www.ptpress.com.cn
　　北京隆昌伟业印刷有限公司印刷

◆ 开本：787×1092　1/16
　　印张：15.5　　　　　　　　　　2024 年 12 月第 1 版
　　字数：420 千字　　　　　　　　2024 年 12 月北京第 1 次印刷
　　著作权合同登记号　图字：01-2024-0520 号

定价：99.80 元
读者服务热线：(010)81055410　印装质量热线：(010)81055316
反盗版热线：(010)81055315
广告经营许可证：京东市监广登字 20170147 号

内容提要

本书由 Adobe 产品专家编写，是 Adobe Acrobat 的经典学习用书。

本书共 13 课，每一课首先介绍重要的知识点，然后借助具体的示例进行讲解，步骤详细，重点明确，可帮助读者尽快学会如何进行实际操作。本书主要包括 Adobe Acrobat 简介、创建 Adobe PDF 文件、阅读和处理 PDF 文件、改善 PDF 文档、编辑 PDF 文件的内容、在移动设备中使用 Acrobat、使用 Acrobat 转换 Microsoft Office 文件、使用 Acrobat 合并文件、添加签名和安全设置、Acrobat 在文档审阅中的应用、在 Acrobat 中处理表单、使用动作、Acrobat 在专业出版中的应用等内容。

本书语言通俗易懂，配有大量图示，特别适合新手学习，有一定 Adobe Acrobat 使用经验的读者也可从本书中学到大量高级功能。本书适合作为各类院校相关专业的教材，还适合作为相关培训班学员及广大自学人员的参考书。

前　言

Adobe Acrobat 是当今数字化工作流程中不可或缺的工具。在 Acrobat Standard、Acrobat Pro 中，几乎可将任何文档转换为 Adobe 便携文件格式（Portable Document Format，PDF），并保留源文档的外观、内容、字体和图形，还可编辑 PDF 文档中的文本和图像、发起审阅、分发和共享文档、创建交互式表单等。

经典教程简介

本书是 Adobe 图形和出版软件官方经典教程之一，由 Adobe 产品专家编写。如果读者是 Acrobat 新手，将从中学到掌握该软件所需的基本概念和操作技巧；如果读者有一定的 Acrobat 使用经验，将发现书中介绍了很多高级功能，以及最新功能的使用提示和技巧。

本书共 13 课，每一课都提供了完成项目的详细步骤，同时留下了探索和试验空间。读者可以按顺序从头到尾阅读本书，也可根据兴趣和需要选读其中的某些课。每课末尾都有复习题，旨在加深读者对所学内容的认识。

Acrobat Pro 和 Acrobat Standard

本书同时介绍 Acrobat Pro 和 Acrobat Standard 的功能。对于 Acrobat Pro 特有的工具和功能，将做特别说明，包括以下内容。

- 对文档进行印前检查及执行其他印刷制作任务。
- 创建 PDF 包。
- 检查 PDF 文档的易用性。
- 使用 Bates 编号和密文。
- 比较文档的不同版本。
- 使用和创建动作。
- 将扫描得到的文档转换为可编辑、可搜索的 PDF 文件。

必备知识

要阅读本书，读者必须能够熟练使用计算机和操作系统，包括使用鼠标、菜单和命令，以及打开、保存和关闭文件。如果需要复习这方面的内容，请参阅操作系统的帮助文档。

安装 Adobe Acrobat

阅读本书前，请准备好必要的软件和硬件并确保系统设置正确。你必须单独购买 Adobe Acrobat。有关该软件的系统需求，请访问 Adobe 官方网站进行查看。

将 Adobe Acrobat 安装到系统中时，按安装说明进行操作即可。

有些课用到了其他相关软件，包括移动版 Adobe Acrobat Reader、Adobe Fill & Sign 和 Adobe Scan。可以现在就下载并安装它们，也可等需要时再安装。

启动 Adobe Acrobat

启动 Acrobat 的方法与其他应用程序相同。

- Windows：选择"开始"＞"程序"（或"所有程序"）＞"Adobe Acrobat"。
- macOS：打开 Adobe Acrobat 文件夹，再双击相应的程序图标。

Adobe 授权的培训中心

Adobe 授权的培训中心（AATC）提供由教师讲授的有关 Adobe 产品的课程和培训。

其他资源

本书不能代替 Adobe Acrobat 帮助文档，也并非涵盖每项功能的完全参考手册，而只介绍与课程内容相关的命令和选项。想了解有关 Acrobat 功能的详细信息和相关教程，请参阅以下资源。

- Adobe Acrobat 学习和支持：在这里可搜索和浏览 Adobe 提供的详尽而全面的内容，包括实用教程、指向帮助文档的链接、常见问题的答案、如何排除故障的信息等。
- Acrobat 用户指南：Acrobat 功能、命令和工具参考手册（要访问它，可按 F1 键或选择"帮助"＞"Acrobat 帮助"）。还可下载 PDF 格式的帮助文档。
- Adobe 论坛：可就 Acrobat 和其他 Adobe 产品展开讨论及提出和回答问题。
- Adobe Creative Cloud Learn：提供灵感、关键技巧、跨产品工作流程和新功能更新。
- 教师资源：向教授 Adobe 软件课程的教师提供珍贵的资源。可在这里找到各种级别的教学解决方案（包括使用整合方法介绍 Adobe 软件的免费课程），这些方案可用于备考 Adobe 认证工程师考试。

另外，还可参考以下资源。

- Adobe Exchange：在这里可查找用于补充和扩展 Adobe 产品的工具、服务、扩展和代码示例等。
- Adobe Acrobat 主页：提供有关 Acrobat 的更详细的信息。

新 Acrobat

使用 64 位操作系统的 Acrobat 用户有机会尝试使用"新 Acrobat",这是一个经过改进的用户界面,用户能够轻松地使用 Acrobat 的众多功能。如果启用了"新 Acrobat",那么你的用户界面可能与本书呈现的不同。在这种情况下,本书介绍的大多数步骤依然有用,但会有使用相关工具的其他方法。

要禁用"新 Acrobat",确保用户界面与本书描述的相同,可采取以下做法。

- 在 Windows 系统中,单击左上角的"菜单"按钮(≡),并选择"禁用新 Acrobat",如图 1 所示(本图为虚拟,仅供本书练习使用)。选择后将切换到图 2 所示的用户界面。
- 在 macOS 中,选择"视图">"禁用新 Acrobat"。

图 1

图 2

要重新启用"新 Acrobat",可选择"视图">"启用新的 Acrobat",再单击"重新启动"按钮。新用户界面(见图 3)包含以下元素。

- 在 Windows 系统中,左上角不再是"文件"菜单,而是"菜单"按钮。
- 易于访问的全局工具栏及改进的文档显示方式。
- 全局工具栏中的 Mega verb 工具栏让用户无须切换界面或离开文档就能使用编辑工具、转换工具和签名工具。
- 快速工具窗格让用户能够添加注释、选择文本或对象、填写 PDF 表单,以及定制快速工具窗格。
- 导览窗格让用户能够处理书签、查看或浏览页面以及选择各种视图选项。

A. "菜单"按钮 B. Mega verb 工具栏 C. 快速工具窗格 D. 全局工具栏 E. 导览窗格

图 3

启用"新 Acrobat"后,所有工具都组织在一个区域,其中包括常用工具所在的快速工具窗格。用户选择任意 Acrobat 工具后,左边的窗格中将显示与当前工具相关的选项。用户在窗格中选择工具或执行操作时,Acrobat 将逐步显示相应的工具和选项。

目 录

第 1 课　Adobe Acrobat 简介 1

1.1　PDF 2
1.2　Adobe Acrobat 2
1.3　Acrobat Reader 2
1.4　Acrobat 移动端应用 3
1.5　Acrobat 在线服务 4
1.6　在 Web 中使用 PDF 文件 4
1.7　打开 PDF 文件 5
1.8　工具栏 7
1.9　使用工具 9
1.10　浏览 PDF 文档 12
1.11　在全屏模式下查看 PDF 文档 17
1.12　在阅读模式下查看 PDF 文档 18
1.13　自定义 Acrobat 工具栏 19
1.14　自定义用户界面的亮度 21
1.15　获取帮助 21
1.16　复习题 22
1.17　复习题答案 22

第 2 课　创建 Adobe PDF 文件 23

2.1　关于创建 Adobe PDF 文件 24
2.2　使用"创建 PDF"工具 24
2.3　拖放文件 27
2.4　转换多个不同类型的文件 28
2.5　插入空白页面 32
2.6　使用 PDFMaker 33
2.7　使用"打印"命令创建 Adobe PDF
　　 文件 33
2.8　减小文件大小 36
2.9　优化 PDF 文件（仅 Acrobat Pro）..... 37
2.10　扫描纸质文档 37
2.11　让扫描得到的文本可编辑、可搜索
　　 （仅 Acrobat Pro）......................... 39
2.12　将网页转换为 Adobe PDF 40
2.13　复习题 44
2.14　复习题答案 44

第 3 课　阅读和处理 PDF 文件 45

3.1　关于屏幕显示 46
3.2　阅读 PDF 文档 46
3.3　搜索 PDF 文档 50
3.4　打印 PDF 文档 52
3.5　填写 PDF 表单 55

3.6 灵活性、易用性和结构简介 57
3.7 检查易用性（仅 Acrobat Pro）............ 57
3.8 让文件灵活且易用
（仅 Acrobat Pro）........................... 60
3.9 使用 Acrobat 辅助功能 63
3.10 分享 PDF 文件 67
3.11 复习题 68
3.12 复习题答案 68

第 4 课　改善 PDF 文档 69

4.1 查看工作文件 70
4.2 使用页面缩略图移动页面 71
4.3 操作页面 72
4.4 重编页码 74
4.5 管理链接 77
4.6 处理书签 80
4.7 设置文档属性和元数据 84
4.8 复习题 86
4.9 复习题答案 86

第 5 课　编辑 PDF 文件的内容 87

5.1 编辑文本 88
5.2 处理 PDF 文件中的图像 93
5.3 复制 PDF 文件中的文本和图像 96
5.4 将 PDF 内容导出为 PowerPoint 演示
文稿 98
5.5 将 PDF 文件保存为 Word 文档 100

5.6 将 PDF 表格提取为 Excel 电子表格 101
5.7 复习题 103
5.8 复习题答案 103

第 6 课　在移动设备中使用
Acrobat 104

6.1 移动端 Acrobat 105
6.2 将文档上传到 Adobe 云存储 105
6.3 使用移动端 Acrobat Reader 106
6.4 使用 Acrobat 在线版 110
6.5 使用移动端 Fill & Sign 113
6.6 使用移动端 Adobe Scan 115
6.7 复习题 117
6.8 复习题答案 117

第 7 课　使用 Acrobat 转换
Microsoft Office 文件 118

7.1 将 Microsoft Office 文档转换为 PDF 119
7.2 Acrobat PDFMaker 简介 119
7.3 将 Word 文档转换为 PDF
（Windows）................................... 120
7.4 将 Word 文档转换为 PDF（macOS）... 125
7.5 转换 Excel 文件（Windows）............ 126
7.6 转换 Excel 文件（macOS）............... 129
7.7 使用电子表格拆分视图 130

7.8	转换 PowerPoint 演示文稿（Windows）	131
7.9	转换 PowerPoint 演示文稿（macOS）	132
7.10	复习题	134
7.11	复习题答案	134

第 8 课　使用 Acrobat 合并文件....135

8.1	文件合并简介	136
8.2	选择要合并的文件	136
8.3	调整排列顺序	140
8.4	合并文件	142
8.5	复习题	146
8.6	复习题答案	146

第 9 课　添加签名和安全设置.......147

9.1	PDF 文件保护概述	148
9.2	在保护模式下查看文档（仅 Windows）	148
9.3	Acrobat 安全方法简介	149
9.4	查看安全设置	149
9.5	给 PDF 文件添加安全设置	151
9.6	数字签名简介	155
9.7	将文档发送给他人签名	155
9.8	复习题	166
9.9	复习题答案	166

第 10 课　Acrobat 在文档审阅中的应用......167

10.1	审阅流程	168
10.2	审阅前的准备工作	168
10.3	给 PDF 文档添加注释	169
10.4	处理注释	174
10.5	发起共享审阅	177
10.6	比较文档的不同版本（仅 Acrobat Pro）	180
10.7	复习题	182
10.8	复习题答案	182

第 11 课　在 Acrobat 中处理表单......183

11.1	表单处理流程	184
11.2	将 PDF 文件转换为交互式 PDF 表单	184
11.3	添加表单域	187
11.4	分发表单	194

11.5 收集表单数据 198
11.6 处理表单数据 199
11.7 计算和验证数字域 201
11.8 复习题 204
11.9 复习题答案 204

第 12 课　使用动作 205

12.1 动作简介 206
12.2 使用预定义的动作 206
12.3 创建动作 209
12.4 共享动作 216
12.5 复习题 218
12.6 复习题答案 218

第 13 课　Acrobat 在专业出版中的应用 219

13.1 创建用于打印和印前的 PDF 文件 220
13.2 印前检查（Acrobat Pro）................. 222
13.3 处理透明度（Acrobat Pro）............ 225
13.4 设置色彩管理 229
13.5 预览打印作业（Acrobat Pro）......... 230
13.6 高级打印控制 233
13.7 复习题 236
13.8 复习题答案 236

第 1 课

Adobe Acrobat 简介

本课概览

- 熟悉 PDF、Acrobat 和 Acrobat Reader。
- 使用"主页"视图访问文件和工具。
- 选择工具栏中的工具。
- 使用"工具"窗格中的工具。
- 自定义工具栏。
- 使用工具栏、菜单命令、页面缩略图和书签浏览 PDF 文档。
- 在文档窗口中修改文档视图。
- 在阅读模式下查看 PDF 文档。
- 使用 Adobe Acrobat 帮助。

学习本课大约需要 **60** 分钟

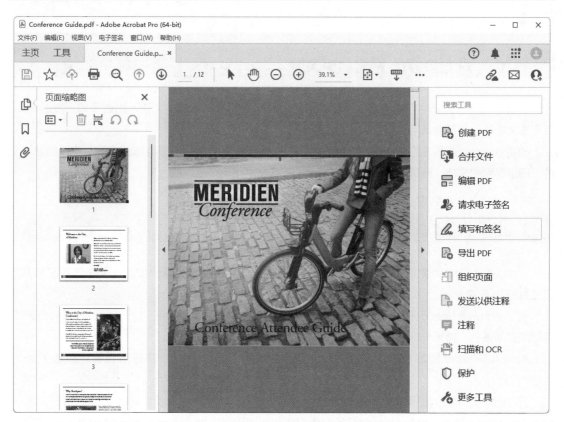

Acrobat 工作区集合了常用工具,便于用户使用。用户可自定义工具栏,以便更快地访问常用工具。

1.1 PDF

便携文件格式（Portable Document Format，PDF）能够保留源文档的所有字体、格式、颜色和图形，无论源文档是在哪个平台中使用哪个应用程序创建的。PDF 文件紧凑而安全，任何人都可使用免费的 Acrobat Reader 来查看和打印它，还可在其中添加注释，填写并提交 PDF 表单，以及对 PDF 文档进行电子签名。

- PDF 可保留电子文档的版面设计、字体和文本格式，用户可在任何计算机系统（平台）中查看。
- 要阅读 PDF 文档，可使用 Acrobat Reader、Acrobat Standard、Acrobat Pro、Acrobat 在线版或移动端应用。
- PDF 文档的同一个页面中可包含多种语言，如中文和英语。
- PDF 文档的打印结果是可预览的，可确保页边距和换页位置符合预期。
- 可对 PDF 文件进行保护，禁止未经授权的修改或打印，以及限制对机密文档的访问。
- 在 Acrobat、Acrobat Reader 中可调整 PDF 页面的缩放比例，这在需要查看包含复杂细节的图形或图示时很有用。
- 可通过网络和 Web 服务器、电子邮件、光盘及其他可移动介质、Adobe 云存储等分享 PDF 文件。

1.2 Adobe Acrobat

在 Adobe Acrobat 中，可创建、管理、编辑、合并和搜索 PDF 文档，还可创建表单、发起审阅、应用法律功能，以及准备用于专业印刷的 PDF 文档。

使用 Acrobat 或第三方应用程序，几乎可将任何文档（文本文件、使用排版或图形软件创建的文件、扫描得到的文档、网页及数码照片）转换为 PDF 文件。

1.3 Acrobat Reader

Acrobat Reader 可免费下载，它是查看 PDF 文件的全球标准，是唯一可打开所有 PDF 文档并与之交互的 PDF 查看器。

有了 Acrobat Reader 后，无须安装 Acrobat 就能够查看、搜索和验证 PDF 文件，还可对 PDF 文件添加数字签名、使用 PDF 文件进行协作，如图 1.1 所示。

Acrobat Reader 能够显示富媒体内容，包括视频和音频文件，用户还可在其中查看 PDF 包（Portfolios）。

在 Windows 系统中，Acrobat Reader 在保护模式（专业人士称之为"沙盒保护"）下打开 PDF 文件。在这种模式下，Acrobat Reader 将所有进程限制在应用程序内，从而禁止潜在的恶意 PDF 文件访问计算机及其系统文件。要核实 Acrobat Reader 是否处于保护模式，可选择"文件">"属性"，在"高级"标签页中查看"保护模式"的状态。

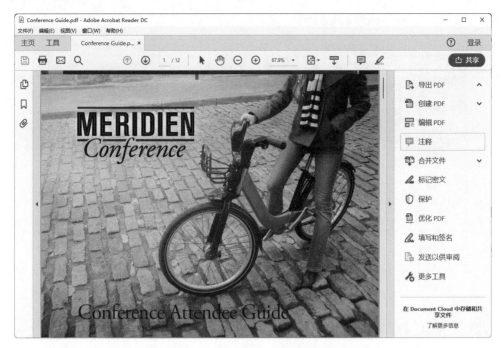

图 1.1

默认情况下，Windows 下的 Acrobat 也在保护模式下打开 PDF 文件。

> **注意** Adobe 官方强烈建议在保护模式下使用 Acrobat Reader。然而，如果要禁用保护模式，可选择"编辑" > "首选项"，再单击"首选项"对话框类别列表中的"安全性（增强）"，并取消选择"沙盒保护"部分的"启动时启用保护模式"复选框。最后，重启 Acrobat Reader 让修改生效。

添加 Acrobat Reader 安装程序

Acrobat Reader 可免费下载，以便用户轻松地查看 PDF 文档。可向其他用户提供 Acrobat Reader 安装程序的 Adobe 官方网址，也可在局域网中分发 Acrobat Reader 安装程序。通过闪存或其他移动存储设备分发文档时，可同时提供 Acrobat Reader 安装程序。

提供 Acrobat Reader 安装程序时，应同时提供 ReadMe 文件，该文件说明了如何安装 Acrobat Reader，并提供了最新的信息。

在分发 Acrobat Reader 安装程序方面没有任何限制，甚至可以商业方式分发。有关如何分发 Acrobat Reader 和 Acrobat Reader 移动端应用安装程序的完整信息，请参阅 Adobe 官方网站上的相关内容。

1.4 Acrobat 移动端应用

移动端 Adobe Acrobat Reader 让用户能够在平板电脑和手机上使用桌面版 Acrobat 的众多功能来处理 PDF 文件，如图 1.2 所示。移动端 Adobe Scan、Adobe Sign 和 Adobe Fill & Sign 让用户能够在移动设备上方便地使用特定功能。本书大部分内容都专注于介绍桌面版 Acrobat 的功能，但第 6 课会详细地介绍移动端 Adobe Acrobat Reader。

图 1.2

1.5　Acrobat 在线服务

订阅了 Acrobat 或 Creative Cloud 的用户可免费在线存储 PDF 文件，以便在任何设备上访问这些文件。Acrobat 在线版提供了 Acrobat 桌面版的大部分功能。要在线访问文件和使用 Acrobat 功能，可访问 https://acrobat.adobe.com 并登录。

有关如何使用 Acrobat 在线版的详细信息，请参阅第 6 课。

1.6　在 Web 中使用 PDF 文件

网络让你能够将电子文档提供给各种受众。可对 Web 浏览器进行配置，以便在浏览器窗口中运行其他应用程序。可通过网站发布 PDF 文件，让访客能够使用 Acrobat Reader 在浏览器窗口中查看这些文件并下载它们。

网页中包含 PDF 文件时，应考虑将访客重定向到 Adobe 官方网站，让他们能够在必要时下载免费的 Acrobat Reader。

在 Web 上，可以每次一页的方式查看和打印 PDF 文件。以每次一页的方式下载时，Web 服务器只发送请求的页面，以缩短下载时间。另外，访客可轻松地打印文档的选定页面或所有页面。PDF 格式非常适合用于在 Web 上发布很大的电子文档，同时 PDF 文档的打印结果是可预览的，以保证页边距和分页位置符合预期。

访客还可下载网页并将其转换为 PDF 文件，进而轻松地保存、分发和打印。有关这方面的详细信息，请参阅第 2 课。

"主页"视图简介

Acrobat "主页"视图包含指向教程和常见任务（如将 PDF 文件导出为 Microsoft Word

格式）的链接。默认情况下，"主页"视图列出的是最近打开的文件，可查看扫描的文件，还可查看本地磁盘、Adobe 云存储或云服务账户（如 Dropbox 或 Google Drive）中的文件。

从最近打开的文件列表中选择一个文件后，"主页"将显示一些工具，让用户能够快速使用它们，如图 1.3 所示。选择其中的工具可打开选定文档，并激活选定的工具。

图 1.3

要查看教程，可单击"主页"视图顶部的"Acrobat 教程"按钮（问号图标），如图 1.4 所示。

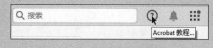

图 1.4

1.7 打开 PDF 文件

默认的 Acrobat 工作区很简洁，便于用户轻松地使用常用的 PDF 文件处理工具。

❶ 启动 Acrobat。

"主页"视图中列出了最近打开的文件。

假设这里要打开的文件以前没有打开过，因此没有出现在最近打开的文件列表中。

❷ 单击"其他文件存储"部分的"您的计算机"。

❸ 单击"浏览"按钮，如图 1.5 所示，切换到 Lesson01\Assets 文件夹，并选择 Conference Guide.pdf 文件。

❹ 单击"打开"按钮。

工作区顶部将显示工具栏，如图 1.6 所示。在 Acrobat 中，每个打开的文档都位于独立的标签页中，有自己的工作区和工具栏。用户可通过菜单栏访问常用命令。

图 1.5

图 1.6

> **提示** 如果选择"视图">"显示/隐藏">"菜单栏"将菜单栏隐藏,将无法使用菜单命令来重新显示菜单栏。要重新显示菜单栏,可按 F9 键(Windows)或 Command + Shift + M 组合键(macOS)。

可以用两种不同的方式打开 Acrobat:作为独立的应用程序打开和在 Web 浏览器中打开。在这两种打开方式下,工作区存在细微而重要的差别。本书假定 Acrobat 是作为独立应用程序打开的。

❺ 将鼠标指针移到文档窗口的左下角,将显示当前页面的尺寸,如图 1.7 所示。将鼠标指针从这个区域移到其他地方时,页面尺寸信息将消失。文档窗口是工作区的一部分,用于显示打开的文档。

图 1.7

1.8 工具栏

Acrobat 的工具栏包含常用的 PDF 文件处理工具。在这个工具栏中，可显示常用工具，在"快速工具"部分添加工具以及显示最近使用的工具。这个工具栏简单而精致，用户能够在其中添加常用工具。

1.8.1 使用工具栏

默认情况下，工具栏的上半部分包含"主页"标签、"工具"标签以及已打开文档的标签。在文档视图下，工具栏的下半部分随打开的文档而异，但默认包含以下工具：保存、上传和打印 PDF 文件的按钮，"查找文本"工具，几个导航工具，一些编辑工具。要使用某个工具，单击它即可，如图 1.8 所示。

要查看工具栏中工具的名称或描述，可将鼠标指针移到工具上，如图 1.9 所示。

图 1.8

图 1.9

1.8.2 使用页面控件工具

页面控件工具包括选择工具（▶）、抓手工具（✋）、页面缩放工具等，可方便用户浏览页面。

❶ 单击工具栏中的"放大"按钮（⊕）3 次。

> 💡 **提示** 若想将页面控件移到工具栏外面，可单击"将页面控件移动到工具栏外"按钮。这样做后，页面控件将出现在屏幕底部的独立工具栏中。要将页面控件移回顶部的工具栏中，可单击"将页面控件移动到工具栏中"按钮。

Acrobat 将放大视图，使文档窗口只显示文档部分内容，如图 1.10 所示。

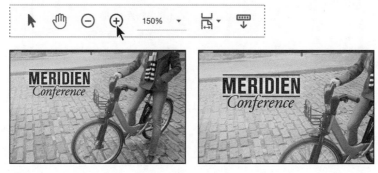

图 1.10

在 Acrobat 中，默认选择的是选择工具。抓手工具用于平移文档视图。

❷ 单击工具栏中的抓手工具。

❸ 在文档窗口中按住鼠标左键并拖曳，以查看图像的不同部分，如图 1.11 所示。

图 1.11

❹ 单击"缩小"按钮（⊖），能够看到文档的更多部分。

缩放工具并不会改变文档的实际尺寸，而只改变文档在屏幕上的缩放比例。

❺ 单击缩放比例右侧的下拉按钮，并在下拉列表中选择"适合可见"以显示整个文档，如图 1.12 所示。

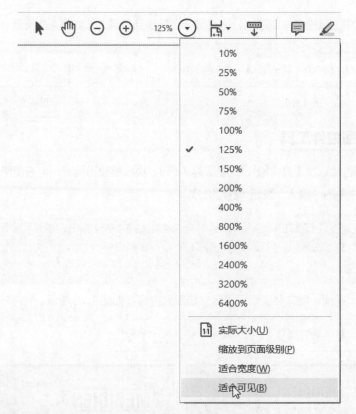

图 1.12

> 💡 提示　如果工具右边有下拉按钮，单击该下拉按钮将打开相应的下拉列表。

"工具"窗格中的工具

默认情况下,"工具"窗格包含最常用的工具,如图1.13所示。要在这个窗格中添加或删除工具,可单击工具栏中的"工具"标签打开工具中心,再打开要添加或删除的工具下方的下拉列表,并选择"添加快捷方式"或"删除快捷方式"。Acrobat在所有打开的PDF文档中都使用"工具"窗格的当前配置,直到用户修改该配置(有些工具仅在Acrobat Pro中可用)。

要显示工具名,可单击"工具"窗格左侧的左箭头;要只显示工具图标,可单击"工具"窗格左侧的右箭头。

常用工具如下。

- 创建PDF:从文件或扫描图像创建PDF文件。
- 合并文件:将多个PDF文件或其他类型的文档合并为一个PDF文件。
- 编辑PDF:编辑文本、图像、链接和其他内容,以及裁剪页面。
- 请求电子签名:请求以电子方式对文档进行签名并跟踪结果。
- 填写和签名:填写表单并以电子方式签名。
- 导出PDF:将PDF文件导出为Microsoft Office文档、图像、HTML网页或其他格式。
- 组织页面:旋转、删除、插入、替换、拆分和提取页面等。
- 发送以供注释:请他人对共享文档进行审阅并跟踪响应。
- 注释:添加、搜索、阅读、回复、导入和导出注释。
- 扫描和OCR:让文本可编辑或改善扫描文档的质量。
- 保护:应用诸如文件加密等安全功能。

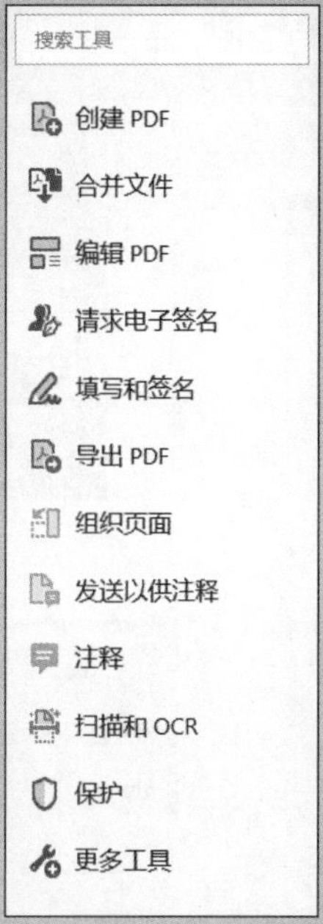

图 1.13

1.9 使用工具

应用程序窗口右边的"工具"窗格对执行各种任务所需的命令和选项进行了编组。工具中心还有其他的工具,可直接在工具中心使用这些工具,也可将它们添加到"工具"窗格中。用户选择某个工具后,用户界面将显示与该工具相关的选项。

选择"工具"窗格中的工具

为帮助读者熟练地使用工具,下面将旋转一个页面并编辑一些文本。

❶ 在窗口右边的"工具"窗格中单击"组织页面",如图1.14所示。

Acrobat将显示文档中每个页面的缩略图,并在缩略图下方显示页码。同时,Acrobat工具栏下方显示"组织页面"工具栏,如图1.15所示。

❷ 单击第9页的缩略图,该缩略图旁边出现4个图标:两个旋转图标、一个垃圾桶图标和一个插入图标。

第9页中的Meridien酒店地图的方向不正确,下面进行修改。

❸ 单击顺时针旋转图标(），如图1.16所示。

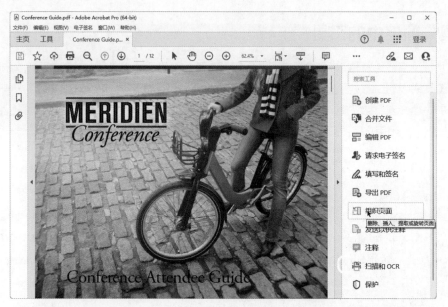

图 1.14

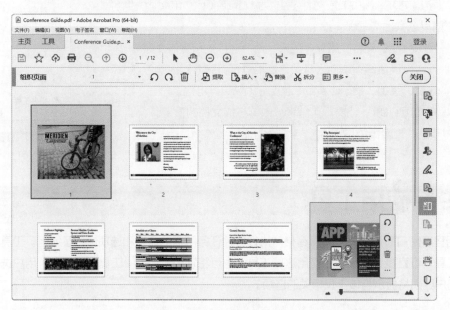

图 1.15

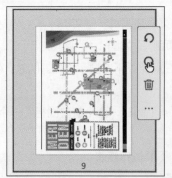 

图 1.16

该页面旋转到了正确的方向，而其他页面不受影响。

❹ 单击"组织页面"工具栏右端的"关闭"按钮，返回主文档视图。

❺ 单击"工具"窗格中的"编辑 PDF"。

Acrobat 工具栏下方将显示"编辑 PDF"工具栏，并且默认选择"编辑"；文档窗口右侧出现了一个窗格，其中包含与编辑文本和图像相关的选项；文档窗口中显示的是当前页，如图 1.17 所示。

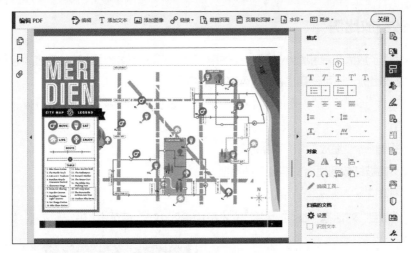

图 1.17

用户选择一个工具后，界面中将显示使用该工具所需的选项。用户界面会随所选择的工具而变化。

❻ 在工具栏的页码文本框中输入 12 并按 Enter 键，跳至指定页面。

由于在"编辑 PDF"工具栏中选择了"编辑"，文档窗口中将显示页面中可编辑的文本内容，这些文本周围显示了虚线框。如果将鼠标指针移到这些文本上，鼠标指针将变成竖线。

❼ 选择标题 Wireless Internet Access 下方第二个句子中的单词 and。

> 💡 **注意** 如果系统中没有安装原始字体，Acrobat 会将其替换为默认字体并显示工具提示，指出字体已替换。

❽ 输入 but，以替换单词 and，如图 1.18 所示。

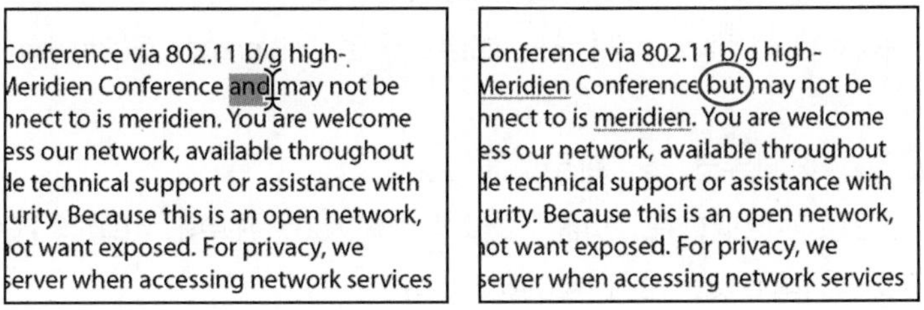

图 1.18

❾ 单击"编辑 PDF"工具栏中的"关闭"按钮，将"编辑 PDF"工具关闭。

❿ 选择"文件">"另存为"。

⓫ 切换到 Lesson01\Finished_Projects 文件夹，将文件重命名为 Conference Guide_final.pdf，再单击"保存"按钮。不要关闭这个文件。

1.10 浏览 PDF 文档

在 Acrobat 中，可缩放页面、切换到不同的页面、同时显示多个页面、查看多个文档，甚至可拆分文档以便同时查看文档的不同部分。导航工具会出现在多个地方，用户可根据工作流程使用最合适的工具。

1.10.1 修改缩放比例

本课前面使用了放大工具和缩小工具，还使用了包含预设缩放比例的下拉列表，它们都位于工具栏中。要修改缩放比例，还可使用"视图"菜单中的命令。

❶ 选择"文件">"打开"，切换到 Lesson01\Assets 文件夹，选择 Meridien Rev.pdf 文件，并单击"打开"按钮。

❷ 选择"视图">"缩放">"适合高度"。

当前 PDF 文档被缩放到适合文档窗口的高度。

❸ 选择"视图">"缩放">"缩放到"。

❹ 打开"缩放到"对话框，在"放大率"文本框中输入 125，再单击"确定"按钮，如图 1.19 所示。

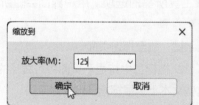

图 1.19

1.10.2 访问特定页面

前面使用了 Acrobat 工具栏中的页码文本框来跳至特定页面，还可使用"视图"菜单中的命令或导览窗格中的"页面缩略图"面板来快速跳至文档的其他页面。

❶ 单击 Conference Guide_final.pdf 标签。如果关闭了 Conference Guide_final.pdf 文件，就重新打开它。

❷ 选择"视图">"页面导览">"跳至页面"。

❸ 打开"跳至页面"对话框，在"页面"文本框中输入 6，并单击"确定"按钮。

Acrobat 将显示文档的第 6 页，如图 1.20 所示。

❹ 选择"视图">"页面导览">"上一页"。

Acrobat 将显示文档的第 5 页。菜单命令"上一页"和"下一页"的作用与工具栏中的"显示上一页"和"显示下一页"按钮相同。

❺ 如果导览窗格不可见，则单击文档窗口左侧的箭头打开它。

❻ 在导览窗格中单击"页面缩略图"按钮（ ）。

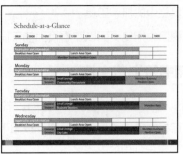

图 1.20

Acrobat 将显示文档中所有页面的缩略图。用户打开 PDF 文档时，Acrobat 会自动为其中的页面创建缩略图。

❼ 单击第 3 页的缩略图。

Acrobat 将显示文档的第 3 页，如图 1.21 所示。

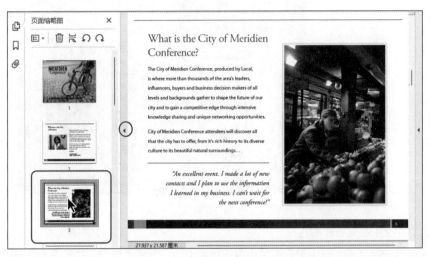

图 1.21

❽ 将页面放大到 200%，缩略图将以高亮方式指出文档窗口中显示的页面区域，如图 1.22 所示。

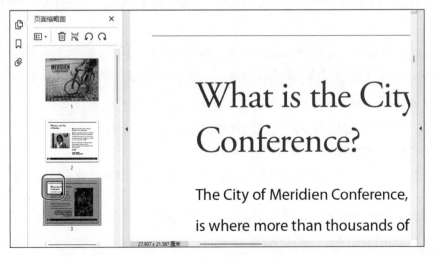

图 1.22

⑨ 选择工具栏中的抓手工具。

⑩ 在文档窗口中拖曳页面以查看页面的不同区域，缩略图中的高亮区域也将相应移动。

1.10.3 使用书签浏览文档

可创建书签以帮助查看者浏览 PDF 文档。书签相当于电子目录，提供了指向其描述的内容的链接。

❶ 在导览窗格中单击"页面缩略图"按钮下方的"书签"按钮（ ）。

Acrobat 将显示已创建的书签。

❷ 单击书签 Get the App。

Acrobat 将显示第 8 页，其中包含有关应用的信息，如图 1.23 所示。

图 1.23

❸ 单击 General Sessions 书签。

Acrobat 将显示第 7 页，其中包含有关会议安排的说明。并不需要为每个页面都创建书签。

❹ 单击 General Information 书签。

Acrobat 将显示第 10 页，其中包含概述性信息。下面创建一个书签，帮助查看者快速找到紧急求救信息。

> 💡 提示　可在 Acrobat 中为 PDF 文档创建书签，也可在使用 PDFMaker 创建 PDF 文件时或在 InDesign 中将文件导出为 PDF 文件时自动生成书签。

❺ 单击 Acrobat 工具栏中的"显示下一页"按钮（ ），跳至第 11 页。

❻ 选择工具栏中的选择工具，再选择该页面中的标题 First aid information。

❼ 单击"书签"面板顶部的"新建书签"按钮（ ）。

Acrobat 将在 General Information 书签下方添加一个新书签，其中包含选择的文本，如图 1.24 所示。

❽ 将新书签拖曳到书签 General Information 上，松开鼠标。

Acrobat 将缩进这个新书签，将其嵌套在 General Information 书签下，如图 1.25 所示。

❾ 关闭"书签"面板。

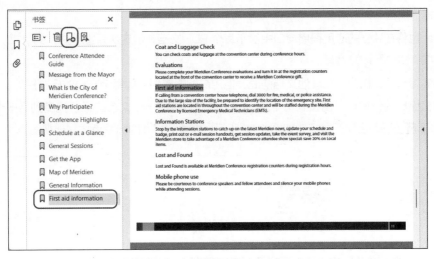

图 1.24

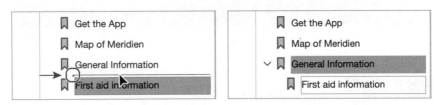

图 1.25

1.10.4 查看多个文档

如果想同时处理多个 PDF 文档，可水平或垂直平铺它们。当前打开了两个 PDF 文档，下面并排显示它们。

❶ 选择"窗口">"平铺">"垂直"。

Acrobat 将并排显示所有打开的 PDF 文件，其中每个文档都有独立的应用程序窗口，如图 1.26 所示。

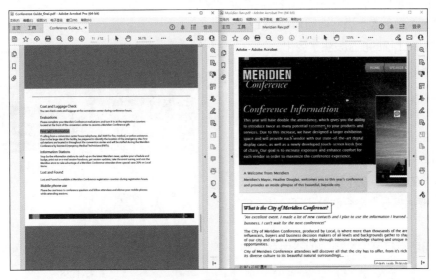

图 1.26

❷ 选择"窗口">"平铺">"水平"。

Acrobat 也将在独立的应用程序窗口中显示每个 PDF 文档，但这次是上下排列的。

❸ 选择"窗口">"层叠"。

Acrobat 将当前文档显示在其他文档前面，但用户能够看到其他每个文档的标题栏。

❹ 调整窗口的位置，以便看到每个文档的工具栏，再将一个文档的标签拖曳到另一个文档的标签旁边，出现蓝色线条后松开鼠标，如图 1.27 所示，恢复到标准的标签页式文档视图。

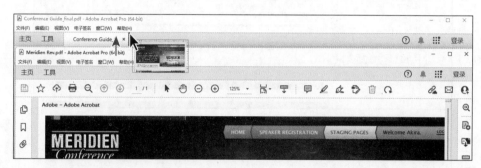

图 1.27

1.10.5 拆分文档视图

有时候需要同时查看文档的不同部分，这可能是为了确定措辞是否一致或查看图像之间的差别。在这种情况下，可将文档拆分成两个视图，再分别在这两个视图中浏览。

❶ 单击 Conference Guide_final.pdf 标签，让这个文档处于活动状态。跳至第 9 页，选择"视图">"缩放">"缩放到页面级别"。

❷ 选择"窗口">"拆分"。

Acrobat 将在两个上下排列的视图中显示该文档，且每个视图都有自己的滚动条，但共享工具栏和相关窗格。

❸ 在上面的视图中单击，让这个视图处于活动状态。

❹ 单击"显示上一页"按钮切换到上一页，注意到只有上面的视图发生了变化。

❺ 在下面的视图中单击，让这个视图处于活动状态。

❻ 放大到 150%，注意到只有下方视图的缩放比例发生了变化，如图 1.28 所示。

❼ 选择"窗口">"取消拆分"。

Acrobat 在单个视图中显示文档，且显示的是选择"取消拆分"命令时处于活动状态的视图。

❽ 关闭所有打开的文档，但不保存所做的修改。

图 1.28

1.11 在全屏模式下查看 PDF 文档

可将 PDF 文件设置为在全屏模式下打开,以便在全屏模式下查看文档。在全屏模式下,菜单栏和工具栏都被隐藏。

① 选择"文件">"打开",切换到 Lesson01\Assets 文件夹,并双击 Aquo_Financial.pdf 文件。

② 在"全屏"消息框中单击"是"按钮,在全屏模式下打开所选文档,如图 1.29 所示。

请注意,在全屏模式下,文档占据了全部屏幕空间,工具栏、菜单栏和窗格都消失了。

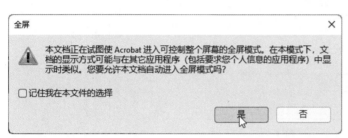 

图 1.29

这是一个信息型演示文档,为在屏幕上单独展示而设计,图形、大号字体和水平页面布局都是为充分利用屏幕空间而设计的。

如果想在全屏模式下查看 PDF 文件,只需在 Acrobat 中打开它,再选择"视图">"全屏模式"。

③ 按 Enter 键翻页,也可按上、下箭头键在文档中前后移动。

④ 按 Esc 键退出全屏模式。

⑤ 为确保即便是在全屏模式下也可使用导航控件,可选择"编辑">"首选项"(Windows)或"Acrobat">"首选项"(macOS),在"首选项"对话框左边的类别列表中选择"全屏",再选择"显示导航栏"复选框,如图 1.30 所示,单击"确定"按钮让修改生效。

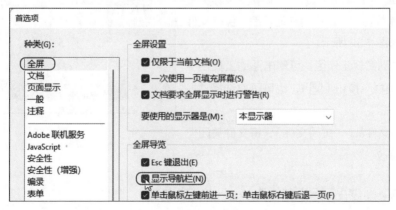

图 1.30

从现在开始,每当以全屏模式显示文档时,Acrobat 都将在文档窗口的左下角显示"下一页""上一页""退出全屏模式"等按钮。这些按钮在刚进入全屏模式时显示,然后就会消失以防遮盖文件内容,要访问这些按钮,可将鼠标指针移到屏幕左下角。注意,全屏查看首选项是针对当前计算机而不是当前文档的。

要设置文档在全屏模式下打开,可选择"文件">"属性",在"文档属性"对话框中单击"初始视图"标签,选择"以全屏模式打开"复选框(如图 1.31 所示)并单击"确定"按钮,再保存文档。有关文档属性和元数据的详细信息,请参阅第 4 课。

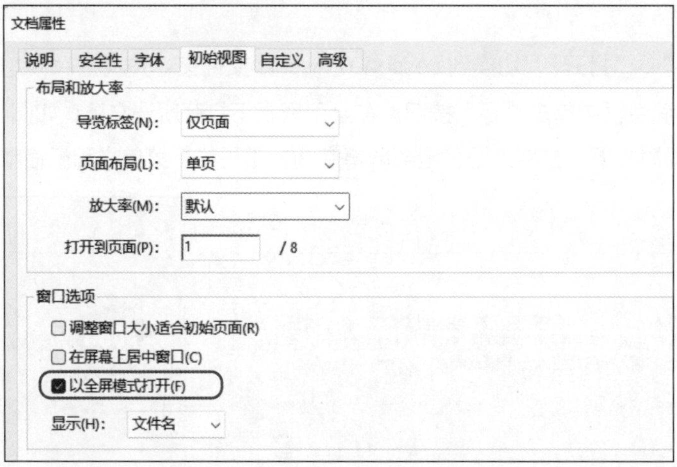

图 1.31

1.12 在阅读模式下查看 PDF 文档

如果想在不进入全屏模式的情况下,将尽可能多的屏幕空间用于显示 PDF 文档,可切换到阅读模式。在阅读模式下,隐藏了除文档窗口和菜单栏外的所有工作区元素。

❶ 选择"视图">"阅读模式"。

❷ 将鼠标指针移到窗口底部附近。

此时将出现一个浮动工具栏,其中包含导览工具,便于用户缩放视图、切换到其他页面、保存文件和打印文件,如图 1.32 所示。

❸ 要恢复到常规工作区,可单击浮动工具栏中的"显示主工具栏"按钮(■),也可再次选择"视图">"阅读模式"。

❹ 选择"文件">"关闭文件",将文件关闭但不保存所做的修改。

图 1.32

设置与 Web 浏览相关的 Acrobat 首选项

可设置 Acrobat 首选项"因特网",指定 Acrobat 如何加载并显示来自互联网的 PDF 文件。

在 Acrobat 中,选择"编辑">"首选项"(Windows)或"Acrobat">"首选项"(macOS),在"首选项"对话框左边的类别列表中选择"因特网"。默认情况下,系统自动选择了多个"因特网"首选项。

- 默认为在阅读模式下显示：在不显示工具栏和窗格的情况下显示 PDF 文件，但当用户将鼠标指针移到 PDF 文件底部时，将出现半透明的浮动工具栏。如果取消选择这个复选框，将在显示 PDF 文件的同时显示工具栏和窗格。
- 允许快速 Web 查看：以每次一页的方式下载 PDF 文档，以便用户在 Web 上查看文件内容。如果没有选择这个复选框，将在下载完整个 PDF 文件后再显示它。
- 允许在后台智能下载：显示请求的第一个页面后，继续从 Web 下载 PDF 文件。当用户在 Acrobat 中执行任务（如在文档中翻页）时，将停止后台下载。

想了解如何设置浏览器，以便在其中查看 PDF 文档，请单击"首选项"对话框中"网络浏览器选项"部分的链接。

1.13 自定义 Acrobat 工具栏

Acrobat 工具栏默认包含一些常用工具，要添加其他工具，可使用"视图">"显示/隐藏"子菜单中的命令，还可将工具添加到工具栏的"快速工具"部分。对工具栏所做的修改是应用程序级的，因为在所有 PDF 文件中，工具栏都相同（直到再次修改工具栏设置）。

❶ 在 Acrobat 中打开任意一个文档，以便访问工具栏。

❷ 选择"视图">"显示/隐藏">"工具栏项目">"显示页面导览工具">"上一视图"。

"上一视图"按钮将出现在工具栏中（位于页码左边）。

> 注意　如果"上一视图"按钮原本就包含在工具栏中，进行第 2 步操作将使它不再出现在工具栏中。

❸ 选择"视图">"显示/隐藏">"工具栏项目">"显示编辑工具">"撤销"。

"撤销"按钮将出现在工具栏中（位于"查找文本"按钮右边），如图 1.33 所示。使用子菜单"显示/隐藏"中的命令，可将"文件""编辑""视图"菜单中的命令添加到工具栏中，这些命令在工具栏中的位置取决于它们所属的菜单和子菜单。

图 1.33

几乎所有工具都可添加到工具栏的"快速工具"部分。

❹ 选择"视图">"显示/隐藏">"工具栏项目">"自定义快速工具"。

此时将打开"自定义快速工具"对话框，其顶部显示了"快速工具"部分当前包含的工具，下面列出了可添加到"快速工具"部分的工具。下面将工具"左"和"右"添加到"快速工具"部分。

❺ 单击"组织页面"将其展开。

❻ 选择"左"工具（ ），再单击"添加至工具栏"按钮（ ），将其添加到顶部的工具集中。

❼ 选择"右"工具（ ），再单击"添加至工具栏"按钮，如图 1.34 所示。

> 注意　如果"右"工具已包含在工具栏中，将无法添加它。

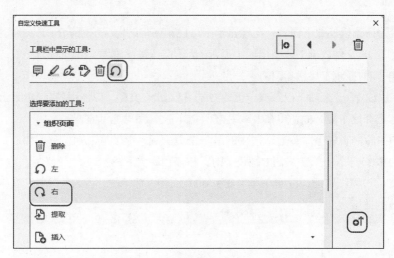

图 1.34

⑧ 单击"组织页面"将其折叠起来，再向上滚动列表并单击"创建 PDF"将其展开。

⑨ 选择"从文件创建 PDF"，单击"添加至工具栏"按钮。

至此，在工具栏的"快速工具"部分添加了 3 个按钮。可重新排列工具、使用分隔符组织工具以及删除工具。

⑩ 在选择了"从文件创建 PDF"工具的情况下，单击对话框顶部的左箭头两次，将其移到"左"工具的左边。

⑪ 单击对话框顶部的"添加分隔符至工具栏"按钮（ ），在"从文件创建 PDF"工具和"左"工具之间添加一个分隔符，如图 1.35 所示。

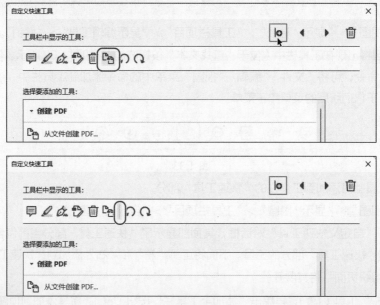

图 1.35

> **提示** 要将常用工具自动添加到工具栏中，可选择"视图">"显示/隐藏">"工具栏项目">"显示近期使用的工具"。

20　Adobe Acrobat 经典教程（第 4 版）

当单击"添加分隔符至工具栏"按钮时，Acrobat 将自动在当前选定的工具后面插入一个分隔符。可像移动工具一样移动分隔符，方法是选择分隔符后单击对话框顶部的左箭头或右箭头。

⓬ 单击"保存"按钮保存所做的修改。

添加的工具和分隔符将出现在工具栏的右端。

可随时自定义工具栏，还可轻松地恢复默认工具栏设置。

⓭ 选择"视图">"显示/隐藏">"工具栏项目">"重置工具栏"。

1.14 自定义用户界面的亮度

默认情况下，Acrobat 显示的是浅灰色用户界面，但对于有些文件，在深色界面下可能更容易看清楚。要修改界面的亮度，可选择"视图">"显示主题">"深灰"，结果如图 1.36 所示。

图 1.36

用户可根据喜好设置显示主题。可选择"视图">"显示主题">"浅灰"恢复到默认主题；也可选择"视图">"显示主题">"系统主题"，采用与操作系统匹配的主题。

1.15 获取帮助

本书重点介绍常用的 Acrobat 工具和功能，但无论读者使用的是 Windows 系统还是 macOS，都可通过 Acrobat 在线帮助获取有关所有 Acrobat 工具、命令和功能的完整信息。要访问在线帮助，可选择"帮助">"Acrobat 帮助"，Acrobat 将打开默认浏览器并显示 Acrobat 在线帮助页面。除帮助内容外，Acrobat 帮助页面还包含一些链接，指向帮助用户学习 Acrobat 的教程、用户论坛和其他与 Acrobat 相关的社区资源。

1.16 复习题

❶ 请列出 PDF 文档的优点。

❷ 在 Acrobat 中，如何切换到另一个页面？

❸ 如何从全屏模式返回常规工作区？

1.17 复习题答案

❶ PDF 文档有以下优点。
- PDF 能够保留原始电子文档的版面、字体和文本格式设置，用户可在任意计算机系统或平台中查看。
- 在 PDF 文档中，同一个页面可包含多种语言，如中文和英语。
- PDF 文档的打印结果是可预览的，可保证页边距和分页位置等符合预期。
- 可对 PDF 文件进行保护，禁止未经授权的修改或打印，以及限制对机密文档的访问。
- 在 Acrobat、Acrobat Reader 中，可调整 PDF 页面的缩放比例，这在需要查看图形或图示中复杂的细节时很有用。

❷ 要切换到另一个页面，可执行下面任何一种操作。
- 单击工具栏中的"显示下一页"按钮或"显示上一页"按钮。
- 在工具栏中输入页码。
- 选择"视图">"页面导览"中的命令。
- 在导览窗格中单击"页面缩略图"面板中的缩略图。
- 在导览窗格中单击"书签"面板中的书签。

❸ 要退出全屏模式并返回常规工作区，可按 Esc 键。

第 2 课
创建 Adobe PDF 文件

本课概览

- 使用"创建 PDF"工具将 TIFF 文件转换为 Adobe PDF 文件。
- 使用"打印"命令创建 Adobe PDF 文件。
- 将多个文档转换并合并为单个 PDF 文件。
- 探索将文件转换为 Adobe PDF 时使用的设置。
- 减小 PDF 文件大小。
- 将纸质文档扫描为 Adobe PDF 文件。
- 将扫描得到的图像转换为可搜索的文本（仅 Acrobat Pro）。
- 在 Acrobat 或 Web 浏览器中将网页转换为 Adobe PDF。

学习本课大约需要 **60** 分钟

可轻松地将既有文件（如 Microsoft Word 文档、网页、扫描得到的文档和图像）转换为 PDF 文件。

2.1 关于创建 Adobe PDF 文件

可将各种文件转换为 Adobe PDF，同时保留源文件的所有字体、格式、图形和颜色设置，无论源文件是在哪种平台中使用哪种应用程序创建的。可基于图像、文档文件、扫描的纸质文档和剪贴板内容创建 PDF 文件。

> **提示** 如果订阅了 Acrobat 或 Creative Cloud，可使用移动端 Acrobat 来转换 Microsoft Office 文件和图像文件。有关这方面的详细信息，请参阅第 6 课。

如果要转换的文档已经在创建它的应用程序中打开（如已经在 Excel 中打开了电子表格文件），通常无须打开 Acrobat 就可将其转换为 PDF。但如果已经打开 Acrobat，通常可直接将对应文件转换为 PDF，而无须打开创建它的应用程序。

创建 PDF 文件时，需要考虑文件的大小和质量（如图像分辨率）。在这些因素很重要时，应使用能够控制转换选项的 PDF 文件创建方法。将文件拖放到 Acrobat 图标上是一种快速而简单的 PDF 文件创建方法，但如果要控制转换过程，应选择使用其他方法，如 Acrobat 工具"创建 PDF"或创建文件的应用程序中的"打印"命令。指定转换设置后，这些设置将一直保持不变，直到再次修改它们。

第 7 课将介绍如何在各个 Microsoft Office 应用程序中创建 Adobe PDF 文件，第 8 课将介绍如何将多个不同类型的文件转换并合并为单个 PDF 文档，第 13 章将介绍如何创建印刷质量的 PDF 文件。

> **注意** 要在 Acrobat 中从既有文件创建 PDF 文件，必须在系统中安装用于创建既有文件的应用程序。

如果安全设置允许，还可重用 Adobe PDF 文件的内容。例如，可提取内容以供在其他应用程序中使用，或者重排内容以供在移动设备或屏幕阅读器中使用。在很大程度上，能否成功地重用内容取决于 PDF 文件包含的结构信息：PDF 文档包含的结构信息越多，成功地重用其内容的可能性越大，将其用于屏幕阅读器时也越可靠。有关这方面的详细信息，请参阅第 13 课。

2.2 使用"创建 PDF"工具

在 Acrobat 中，可使用"创建 PDF"工具将各种文件（包括图像文件和非图像文件）转换为 Adobe PDF。下面将一个 TIFF 图像转换为 Adobe PDF 文件。

❶ 启动 Acrobat。

❷ 单击"工具"标签打开工具中心。

❸ 单击"创建和编辑"类别中的"创建 PDF"工具，如图 2.1 所示。

Acrobat 将显示一系列创建 PDF 文件的方式。使用"创建 PDF"工具时，可基于一个（或多个）文件、屏幕截图、扫描图像、网页、剪贴板内容或空白页面创建 PDF 文档。默认选择的是"单一文件"，如图 2.2 所示。

❹ 在选择了"单一文件"的情况下，单击"选择文件"，如图 2.2 所示。

❺ 在"打开"对话框中切换到 Lesson02\Assets 文件夹，选择 GC_VendAgree.tif 文件，再单击"打开"按钮。

将出现选定文件的缩略图，其下方是文件名。

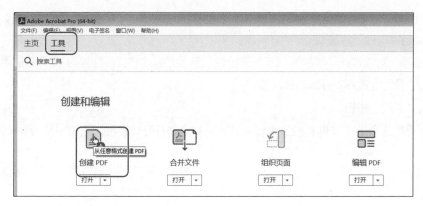

图 2.1

图 2.2

❻ 单击"高级设置"按钮,打开"Adobe PDF 设置"对话框,如图 2.3 所示。

图 2.3

> **注意** 如果"高级设置"按钮不可用,就说明对当前文件类型来说没有额外的设置。

设置选项随所选文件的类型而异。对于 TIFF 图像,"Adobe PDF 设置"对话框中包含"扫描优化""压缩""色彩管理"等选项。

在"首选项"对话框的"转换为 PDF"部分也可查看并修改将文件转换为 PDF 时使用的设置。

❼ 单击"取消"按钮,保留转换设置。

❽ 单击"创建"按钮。

Acrobat 将把这个 TIFF 文件转换为 Adobe PDF,并自动打开转换得到的 PDF 文件,如图 2.4 所示。

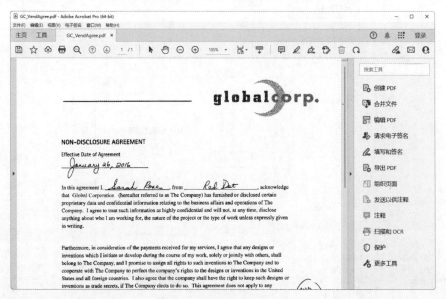

图 2.4

❾ 在页面控件工具栏的"更多工具"下拉列表(🔽)中选择"适合一个整页"(⬚),以便看到整个协议。

可以看到,转换得到的 Adobe PDF 文件中保留了协议签署者添加的手写内容,如图 2.5 所示。

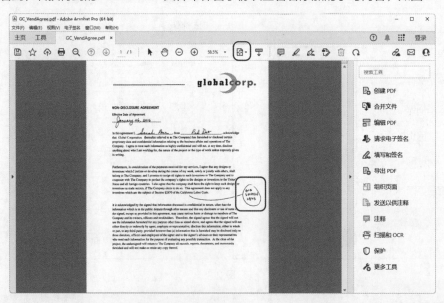

图 2.5

> 注意　"更多工具"下拉列表的图标反映了当前选择的视图。

❿ 选择"文件">"另存为",将文件命名为 GC_VendAgree.pdf,并保存到 Lesson02\Finished_Projects 文件夹中,然后选择"文件">"关闭"将这个 PDF 文件关闭。

从剪贴板创建文件

可复制任何文件中的内容,在"创建 PDF"工具中选择"剪贴板",再单击"创建"按钮从剪贴板内容创建 PDF 文件。在 macOS 中,还可在"创建 PDF"工具中选择"屏幕截图",从窗口或选区创建 PDF 文件。

如果想将复制到剪贴板中的文本和图形添加到既有 PDF 文件中,可打开既有的 PDF 文件,再选择"组织页面"工具,并选择"插入">"从剪贴板"。

将 PDF 文件保存到云账户

可将 PDF 文件直接保存到 Box、Dropbox、Google 云端硬盘、OneDrive 或 SharePoint 站点。在 Acrobat 中选择"文件">"另存为",再单击对话框左侧的"添加文件存储",单击要添加的账户类型下面的"添加"按钮(如图 2.6 所示),再登录并同意 Acrobat 共享访问。添加的账户将同其他存储选项一起出现在"另存为 PDF"对话框左侧。要将当前 PDF 文件存储到云账户,可选择"文件">"另存为",选择账户,给文件命名,再单击"保存"按钮。

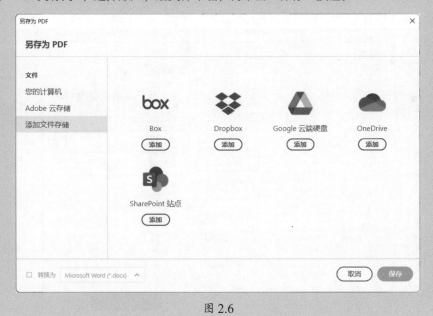

图 2.6

2.3　拖放文件

要创建 Adobe PDF 文件,还可将源文件拖放到 Acrobat 图标上或 Acrobat 文档窗口中(Windows)。

在这种情况下，Acrobat 将使用最后一次转换文件时使用的转换设置。

请尝试将 Lesson02\Assets 文件夹中的 RoadieDog.jpg、Pumpkin.jpg、LoyalFan.jpg 和 Tulips.jpg 文件（如图 2.7 所示）拖放到 Acrobat 文档窗口中（Windows）、桌面的 Acrobat 图标上或 Dock 中的 Acrobat 图标上（macOS）。操作完成后，关闭所有打开的文件，可保存新创建的 PDF 文件，也可直接关闭而不保存。

图 2.7

2.4 转换多个不同类型的文件

通过选择"创建 PDF"工具中的"多个文件"选项，可轻松地将多个不同类型的文件转换并合并为单个 PDF 文件。如果使用的是 Acrobat Pro，还可将多个文档合并为 PDF 包。

有关合并文件和创建 PDF 包的方法将在第 8 课中更详细地介绍。

下面将一个文件转换为 Adobe PDF，并将其与多个 PDF 文件合并。

合并文件

首先，选择要合并的文件，并指定要包含其中的哪些页面。下面将一个 JPEG 图像文件与多个 PDF 文件合并，但对于其中一个 PDF 文档，选择只包含其两个页面。

❶ 在 Acrobat 中，单击"工具"标签，再单击"创建和编辑"类别中的"创建 PDF"工具。

❷ 选择"多个文件"，再选择"合并文件"并单击"下一步"按钮，如图 2.8 所示。

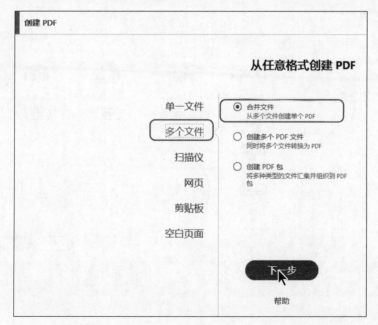

图 2.8

Acrobat 将打开"合并文件"窗口。

❸ 单击"添加文件"按钮，如图 2.9 所示。

图 2.9

现在需要选择要转换并合并的文件。可转换的文件类型随使用的操作系统而异。

❹ 在"添加文件"对话框中，切换到 Lesson02\Assets\MultipleFiles 文件夹，并确保在"显示"下拉列表中选择了"所有支持的格式"（在 macOS 中，单击"选项"可以显示"显示"下拉列表）。

❺ 选择 Ad.pdf 文件，再按住 Shift 键并单击 Data.pdf 文件，以同时选择 bottle.jpg 和 Data.pdf 文件，如图 2.10 所示。

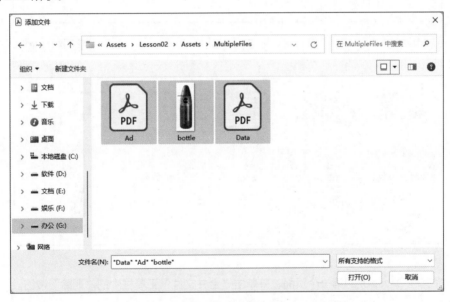

图 2.10

❻ 单击"打开"（Windows）或"添加文件"（macOS）按钮。

可以任何顺序添加文件，因为可在"合并文件"窗口中重新排列添加的文件。在"合并文件"窗口中，还可使用"删除"按钮将不想要的文件删除。

❼ 如果看到的是文件列表，单击"合并文件"工具栏中的"切换到缩略图视图"图标。然后将 bottle.jpg 文件的缩略图拖动到 Data.pdf 文件右边，如图 2.11 所示。

可转换文件中的所有页面，也可选择只转换特定的页面或页面范围。

❽ 将鼠标指针移到 Data.pdf 文件上，再单击"展开 8 页"按钮（ ），显示该文件中每个页面

第 2 课　创建 Adobe PDF 文件　29

的缩略图，如图 2.12 所示。

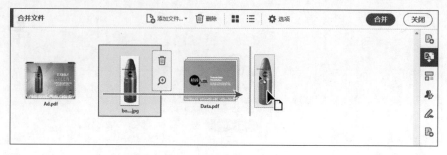

图 2.11

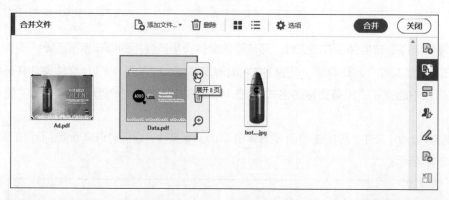

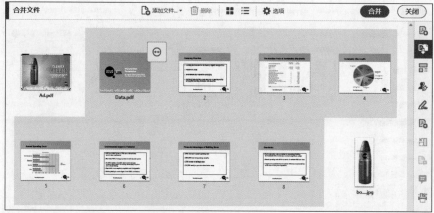

图 2.12

❾ 选择文件 Data.pdf 的第一个页面，并单击"合并文件"工具栏中的"删除"按钮。

❿ 删除 Data.pdf 文件的第 2、4、5、6 和 7 页，只留下 4 个缩略图：Ad.pdf、Data.pdf 的第 3 页和第 8 页以及 bottle.jpg，如图 2.13 所示。

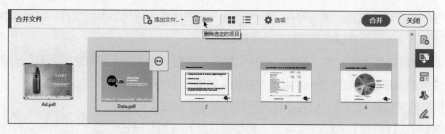

图 2.13

图 2.13（续）

⑪ 单击"选项"按钮（ ✦ ）以指定 PDF 转换设置。

⑫ 在"选项"对话框中，确保在"文件大小"部分选择了中间的图标（"默认文件大小"），且没有选择"另存为 PDF 包"复选框，再单击"确定"按钮，如图 2.14 所示。

选择"默认文件大小"选项将生成适合查看和打印的 PDF 文件，"较小文件大小"选项将对文件进行优化，以适合 Web 分发。准备用于高质量打印的文档时，应选择"较大文件大小"选项。

⑬ 单击"合并"按钮。

Acrobat 将指定的所有文件都转换为 PDF，再合并为一个名为"组合 1.pdf"的文件，并自动打开它，如图 2.15 所示。

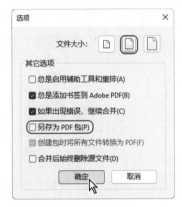

图 2.14

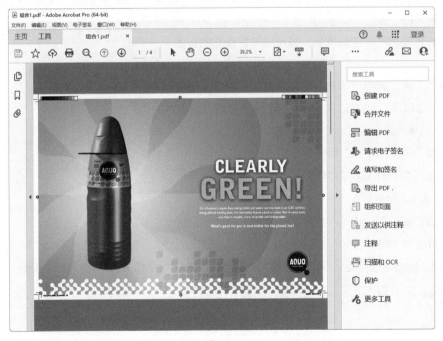

图 2.15

⑭ 单击"显示下一页"和"显示上一页"按钮翻页，浏览合并得到的文档。

⑮ 选择"文件"＞"另存为"，切换到 Lesson02\Finished_Projects 文件夹，将文件重命名为 Aquo.pdf，并单击"保存"按钮。

现在我们在没有离开 Acrobat 的情况下，便将一个 JPEG 文件转换成 Adobe PDF，并将其与其他

PDF 文件合并了。

❶❻ 选择"文件">"关闭"将这个文件关闭。

2.5 插入空白页面

在 Acrobat 中，可在 PDF 文件中插入空白页面，从而轻松地创建过渡页面或说明页面。

❶ 在 Acrobat 中，打开刚才创建的 Aquo.pdf 文件，再单击"工具"窗格中的"组织页面"。

❷ 选择"插入">"空白页面"，如图 2.16 所示。

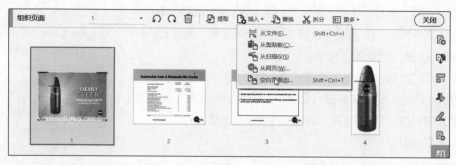

图 2.16

❸ 在"插入页面"对话框中，在"位置"下拉列表中选择"之后"，并在"页面"部分选择"最后一页"，再单击"确定"按钮，如图 2.17 所示。

Acrobat 将添加一个空白页面，其尺寸与它前面的页面相同。

❹ 在"工具"窗格中单击"编辑 PDF"，将在文档窗口中显示空白页面，而右边的窗格中显示了可用的编辑工具。

❺ 单击"编辑 PDF"工具栏中的"添加文本"。

❻ 将鼠标指针移到空白页面，鼠标指针将变成竖线，在页面顶部单击以定位插入点。

❼ 在右边窗格的"格式"部分修改字体（这里使用的是 Minion Pro，并激活"粗体"按钮）。

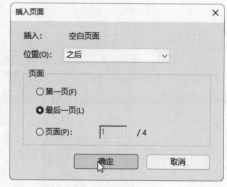

图 2.17

❽ 输入 Notes。在"格式"部分修改文本的属性，包括字号和颜色，如图 2.18 所示。

图 2.18

❾ 关闭这个文件。如果愿意，可保存所做的修改。

2.6 使用 PDFMaker

安装 Acrobat 时，安装程序会在支持的应用程序（包括 Microsoft Office 应用程序）、支持的 Web 浏览器、Autodesk AutoCAD 等中添加 Acrobat PDFMaker 按钮或菜单命令。PDFMaker 选项随应用程序而异，但它们都能够让用户从源应用程序文件快速创建 PDF 文件。根据应用程序的具体情况，还可以使用 PDFMaker 来添加书签、给 PDF 文档添加标签使其更易于使用、添加安全功能以及在 PDF 文件中包含图层。

有关如何在 Microsoft Office 应用程序中使用 PDFMaker，请参阅第 7 课；有关如何在 Web 浏览器中使用 PDFMaker，请参阅本课后面的"将网页转换为 Adobe PDF"一节。

2.7 使用"打印"命令创建 Adobe PDF 文件

在 Acrobat 中，使用"创建 PDF"工具可轻松地创建 Adobe PDF 文件。另外，几乎在任何应用程序中都可使用"打印"命令来创建 Adobe PDF 文件，为此可选择"Adobe PDF"打印机（Windows）或"Save as Adobe PDF"选项（macOS）。

2.7.1 打印到 Adobe PDF 打印机（Windows）

Adobe PDF 打印机不像办公室中的打印机那样实际存在，而是一种模拟打印机，它将文件转换为 Adobe PDF，而不是将其打印到纸上。

几乎可在任何应用程序中使用这种技巧，无论它是否内置了创建 PDF 文件的功能。然而，需要知道的是，Adobe PDF 打印机创建的是未加标签的 PDF 文件。要支持在移动设备中重排内容，PDF 文件必须是有标签的，有标签的 PDF 文件还可确保在屏幕阅读器中生成的结果是可靠的。

Adobe PDF 打印机提供了一种简单而方便的方式，让用户几乎能够将任何文档转换为 PDF 文件。然而，对于 Microsoft Office 文件，应使用 Acrobat 选项卡中的"创建 Adobe PDF"按钮将其转换为 Adobe PDF 文件，因为这样可以创建带标签的文档，并包含书签和超链接。

下面使用"打印"命令将一个文本文件打印到 Adobe PDF 打印机，从而将其转换为 Adobe PDF。具体步骤可能随应用程序和 Windows 版本而异。

❶ 打开 Windows 自带的文本编辑器"写字板"。在 Windows 11 中，在搜索栏中输入"wordpad"，再双击找到的应用，如图 2.19 所示；在 Windows 10 中，可在"开始"菜单中选择这个应用程序，它位于"Windows 附件"分组内。

图 2.19

❷ 在"写字板"中单击"文件"标签，再选择"打开"。

❸ 切换到 Lesson02\Assets 文件夹，并双击 Memo.txt 文件。

❹ 在"写字板"中单击"文件"标签，再选择"打印">"打印"，如图 2.20 所示。

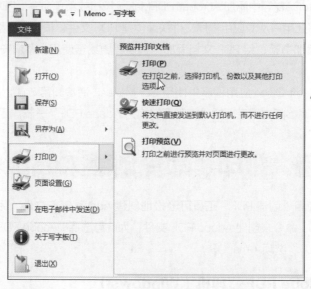

图 2.20

❺ 从打印机列表中选择 Adobe PDF（可能需要向下滚动列表才能看到）。

要修改将这个文本文件转换为 Adobe PDF 时使用的设置，可单击"打印"（"页面设置"）对话框中的"首选项"（"属性"）按钮。有关这方面的详细信息，请参阅本课后面的"Adobe PDF 预设"。

❻ 单击"打印"按钮。

❼ 在"另存 PDF 文件为"对话框中保留默认名称（Memo.pdf），切换到 Lesson02\Finished_Projects 文件夹，再单击"保存"按钮。

❽ 如果没有自动打开 PDF 文件，请切换到 Lesson02\Finished_Projects 文件夹，并双击 Memo.pdf 文件在 Acrobat 中打开它。查看这个文件后，将其关闭，再退出"写字板"。

❾ 关闭所有打开的文件。

2.7.2 使用"Save as Adobe PDF"选项（macOS）

在 macOS 中，可在任何应用程序中将文件转换为 Adobe PDF，为此可在"打印"对话框的"PDF"下拉列表中选择"Save as Adobe PDF"。

❶ 在桌面中切换到 Lesson02/Assets 文件夹，并双击 Memo.txt 文件。

此时将在文本编辑器（如 TextEdit）中打开这个文本文件。

❷ 选择"文件">"打印"。选择哪个打印机无关紧要。

❸ 单击对话框底部的"PDF"按钮，并选择"Save as Adobe PDF"，如图 2.21 所示。

💡 注意　在有些应用程序（如 Adobe InDesign）中，需要在"打印"对话框中单击"打印机"，以显示"PDF"下拉列表。

图 2.21

❹ 在"另存为 Adobe PDF"对话框中选择一个 Adobe PDF 设置文件，再在"创建 PDF 之后"下拉列表中选择"Adobe Acrobat"，指定在 Acrobat 中打开创建的 PDF 文件。

❺ 单击"继续"。

❻ 在"保存"对话框中，保留默认文件名 Memo.pdf，并切换到 Lesson02/Finished_Projects 文件夹。

❼ 单击"保存"按钮。

此时将自动打开创建的 PDF 文件，因为前面在"创建 PDF 之后"下拉列表中选择了"Adobe Acrobat"。

❽ 查看生成的文件后，将其关闭，并退出文本编辑器。

至此，在应用程序中使用"打印"命令将一个简单的文本文件转换成了 Adobe PDF 文档。

❾ 关闭所有打开的文件。

Adobe PDF 预设

PDF 预设是一组影响 PDF 文件创建过程的设置，这些设置根据 PDF 文件的用途在文件大小和质量之间取得了平衡。大多数预设都是 Adobe 应用程序共享的，包括 InDesign、Illustrator、Photoshop 和 Acrobat。还可根据需求创建自定义预设并与其他人分享。

有关每种预设的更详细信息，请参阅 Acrobat 帮助文档。

- 高质量打印：创建要使用桌面打印机或校样设备进行高质量打印的 PDF 文件。
- 超大页面：创建适合用于查看和打印尺寸超过 200 英寸 ×200 英寸（1 英寸 ≈ 2.54 厘米）的 PDF 文件。
- PDF\A-1b 标准：用于长期保留电子文档（归档）。
- PDF\X-1a 标准：最大限度地减少 PDF 文档中的变数，以提高可靠性。PDF\X-1a 标准常用于要用印刷机印刷的数码广告。
- PDF\X-3：类似于 PDF\X-1a，但支持色彩管理工作流程和部分 RGB 图像。
- PDF\X-4：与 PDF\X-3 一样支持 ICC 色彩管理规范，但同时支持实时透明度。
- 印刷质量：创建用于高质量印刷的 PDF 文件（如用于数字印刷，或者供照排机或印版机使用的分色）。
- 最小文件大小：创建用于在 Web/ 局域网中显示或通过电子邮件分发的 PDF 文件。
- 标准：创建用桌面打印机或数字复印机进行打印、通过光盘进行分发或作为出版校样发送给客户的 PDF 文件。

2.8 减小文件大小

根据创建时使用的 Adobe PDF 设置，PDF 文件的大小差别很大。例如，使用"高质量打印"预设时，创建的文件比使用"标准"或"最小文件大小"预设时要大。无论创建文件时使用的是哪种预设，通常都可在不重新生成 PDF 文件的情况下减小文件大小。

下面来减小 Ad.pdf 文件的大小。

❶ 在 Acrobat 中选择"文件">"打开"，切换到 Lesson02\Assets\MultipleFiles 文件夹，并打开 Ad.pdf 文件。

❷ 选择"文件">"另存为其他">"缩小大小的 PDF"。

❸ 在"兼容于"下拉列表中选择"Acrobat 10.0 和更高版本"，再单击"确定"按钮，如图 2.22 所示。

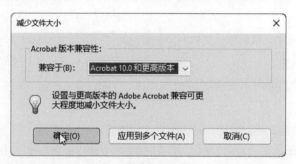

图 2.22

务必选择目标受众很可能使用的 Acrobat 版本。

❹ 将修改后的文件命名为 Ad_Reduce.pdf，单击"保存"按钮。

在任何情况下都最好使用不同的名称保存文件，这样可避免覆盖原始文件。

Acrobat 会自动优化 PDF 文件，这个过程可能需要一两分钟。如果出现异常情况，将显示"转换警告"对话框，如果出现了这个对话框，请单击"确定"按钮关闭它。

❺ 将 Acrobat 窗口最小化，在资源管理器（Windows）或 Finder（macOS）中打开 Lesson02\Assets\MultipleFiles 文件夹，并查看 Ad_Reduce.pdf 文件的大小。这个文件比 Ad.pdf 文件小，如图 2.23 所示。

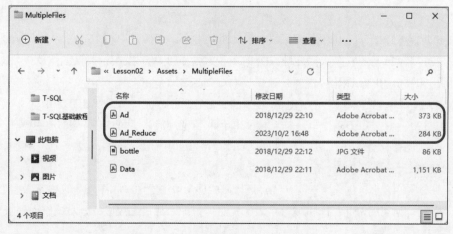

图 2.23

可重复第 1～5 步，并选择不同的兼容性设置，看看它们将如何影响文件大小。请注意，有些设置可能导致文件更大。

2.9 优化 PDF 文件（仅 Acrobat Pro）

很多因素都会影响文件的大小和质量，但处理图像密集型文件时，压缩和重采样很重要。在 Acrobat Pro 中，PDF 优化器让用户能够更好地控制文件的大小和质量。

要使用 PDF 优化器，可选择"文件">"另存为其他">"优化的 PDF"。

在"PDF 优化器"对话框中，可选择各种文件压缩方法，以减少文档中的彩色图像、灰度图像和单色图像占用的空间，如图 2.24 所示。具体选择哪种方法取决于要压缩的图像类型，彩色图像和灰度图像默认使用 JPEG 压缩，单色图像默认使用"CCITT 组 4"压缩。

图 2.24

除选择压缩方法外，还可对文件中的位图图像重采样，以减小文件大小。位图图像由像素组成，而像素总数决定了文件大小。对位图图像重采样时，图像中多个像素将合并为单个更大的像素。这个过程也被称为下采样，因为它减少了图像中的像素数。下采样或减少像素数时，将删除图像中的某些信息。

无论是压缩还是重采样，都不会影响文本或线条的质量。

2.10 扫描纸质文档

可使用各种扫描仪将纸质文档扫描为 PDF 文件，并在扫描过程中添加元数据以及优化扫描得到的 PDF 文件。在 Windows 中，可选择黑白文档、灰度文档、彩色文档和彩色照片等预设，这些预设可提高扫描得到的文档的质量。用户还可自定义转换设置。

如果系统没有连接扫描仪，可跳过这里的练习。

❶ 将一个单页文档插入扫描仪，并在 Acrobat 中执行以下操作。

• 在 Windows 中，使用"创建 PDF"工具并选择"扫描仪"，选择使用的扫描仪，再选择一种预设或使用默认预设。要自定义设置，可单击选择的预设旁边的"设置"图标，再修改设置，如图 2.25 所示。然后单击"扫描"按钮。

• 在 macOS 中，使用"创建 PDF"工具并选择"扫描仪"，选择使用的扫描仪，再单击"下一步"按钮。在"Acrobat 扫描"对话框中选择所需的选项，再单击"扫描"按钮。

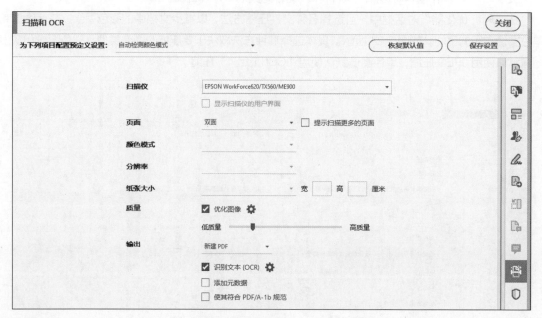

图 2.25

> 注意 如果 Acrobat 无法识别扫描仪，请参阅扫描仪文档中的安装指南，或者与扫描仪制造商联系，让他们帮助排除故障。

扫描将自动进行。

❷ 在出现的提示对话框中，单击"确定"按钮确认扫描已完成。扫描得到的 PDF 文件将出现在 Acrobat 中。

❸ 选择"文件" > "保存"，将扫描件命名为 Scan.pdf 并保存到 Lesson02 文件夹。

❹ 选择"文件" > "关闭"将这个文档关闭。

使用移动设备扫描

可将手机或平板电脑用作扫描仪。免费的移动端 Adobe Scan 使用这些设备的相机来扫描收据、名片和其他文档，并自动检测边界、删除投影、识别文本。

Adobe Scan 从扫描件创建 PDF 文件，并将其保存到 Adobe 云存储，让用户能够在任何地方访问，如图 2.26 所示。移动端 Acrobat 将在第 6 课中更详细地介绍。

图 2.26

2.11　让扫描得到的文本可编辑、可搜索（仅 Acrobat Pro）

在诸如 Microsoft Word 或 Adobe InDesign 等应用程序中将文件转换为 PDF 时，其中的文本是可编辑、可搜索的。但图像文件（无论是扫描得到的还是被存储为图像格式）中的文本是不可编辑、不可搜索的。Acrobat Pro 使用光学字符识别（Optical Character Recognition，OCR）技术对图像进行分析，并将有些内容替换为离散字符。它还能找出识别错误的字符。

> 提示　扫描图像时，Acrobat Pro 会自动执行 OCR。用户需要做的是在扫描前，在扫描预设（Windows）或"Acrobat 扫描"对话框（macOS）中选择"识别文本（OCR）"。

下面对前面从 TIFF 图像创建的 PDF 文档执行 OCR。

❶ 选择"文件">"打开"，切换到 Lesson02\Finished_Projects 文件夹，打开前面保存的 GC_VendAgree.pdf 文件。

❷ 将鼠标指针移到文档中的文本上，注意到可选择某个区域，但无法选择文本。

❸ 在"工具"窗格中单击"扫描和 OCR"，再选择"识别文本">"在本文件中"，如图 2.27 所示。

图 2.27

"扫描和 OCR"工具栏下方出现了一个包含文本识别选项的工具栏。

❹ 单击"设置"按钮以修改文本识别设置。

❺ 在"识别文本"对话框中，在"文档语言"下拉列表中选择"英语 - 美国"，在"输出"下拉列表中选择"可编辑的文本和图像"，再单击"确定"按钮关闭这个对话框，如图 2.28 所示。

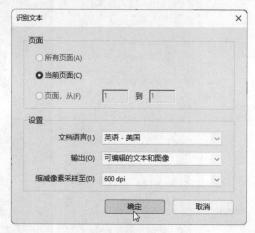

图 2.28

> **注意** 默认情况下，Acrobat 将文档转换为可搜索的图像。可使用上述设置来转换文档，使用"可编辑的文本和图像"选项通常可让文本转换结果更可靠、更准确。

❻ 单击第二个工具栏中的"识别文本"按钮，如图 2.29 所示。

图 2.29

Acrobat 将对文档进行转换。

❼ 选择页面中的一个单词，注意到 Acrobat 将图像转换成了可编辑、可搜索的文本，如图 2.30 所示。

❽ 选择"识别文本">"更正识别的文本"，Acrobat 将搜索文档，并找出可能未正确转换的单词。

如果找到了可疑的单词，可核实并在必要时进行更正。如果没有找到任何可疑的单词，请单击"确定"按钮。

图 2.30

> **注意** 可能还需使用"编辑 PDF"工具来解决与间距相关的问题。

❾ 单击"扫描和 OCR"工具栏中的"关闭"按钮。

❿ 选择"文件">"另存为"，切换到 Lesson02\Finished_Projects 文件夹，将文件保存为 GC_VendAgree_OCR.pdf。然后关闭这个文件。

2.12 将网页转换为 Adobe PDF

可转换（捕获）整个网页或多网页网站的多个层级，可定义页面布局、设置字体和其他视觉元素的显示选项以及为转换得到的 Adobe PDF 创建书签。转换过程中会包括 HTML 文件及其所有相关联的文件，如 JPEG 图像、CSS 文件、文本文件、图像映射和表单，因此生成的 PDF 文档表现得与原始网页很像。

由于转换后的网页为 Adobe PDF 格式，所以可轻松地保存、打印、通过电子邮件发送给他人以及归档。

2.12.1 在 Acrobat 中转换网页

网页会定期更新，当你访问本小节转换的网页时，其内容可能发生了变化，需要使用的链接可能也不同。然而，这里介绍的步骤适用于任何网站的任何链接。如果公司有防火墙，可能使用内部网站来完成这个练习更容易。

要下载网页并将其转换为 Adobe PDF，必须能够访问它们。

下面使用"创建 PDF"工具来转换网页。

❶ 在 Acrobat 中选择"创建 PDF"工具（如果当前位于"主页"视图中，请先单击"工具"标签打开工具中心）。

❷ 选择"网页"，再输入要转换的网站地址（这里使用的是 Adobe Press 网站）。

❸ 选择"捕捉多层"复选框。

可指定要转换的网站的层次结构的层级数（以输入的 URL 为起点），以控制要转换的网页数。例如，顶层为指定 URL 对应的网页，第二层由顶级网页链接的网页组成，依此类推。如果同时下载网站的多个层级，鉴于网页的数量和复杂性，下载时间可能很长。因此，对于大多数网站，都不推荐选择"获取整个网站"。下载网页所需的时间取决于因特网连接的速度。

❹ 确保选择了"获取层"，并将层级数设置成 1。

❺ 选择"停留在同一路径"复选框，以便只转换地址的开头部分与输入的 URL 相同的网页。

❻ 选择"停留在同一服务器"复选框，以便只下载与输入的 URL 位于同一台服务器的网页。

❼ 单击"创建"按钮，如图 2.31 所示。

图 2.31

此时将出现"下载状态"对话框，其中显示了下载进度。下载并转换完成后，转换得到的网站将出现在 Acrobat 文档窗口中，同时"书签"面板中将包含一些书签。

在 Windows 中下载多个层级的网页时，下载完第一个层级后，"下载状态"对话框将进入后台。如果 Acrobat 无法下载链接的内容，将返回一条错误消息。出现错误消息对话框时，单击"确定"按钮将其关闭。

❽ 展开导览窗格，再单击"书签"按钮，以显示 Acrobat 创建的书签，如图 2.32 所示。

图 2.32

> 注意　Adobe Press 网站的内容变化频繁，因此你生成的 PDF 文件可能与这里显示的不同。

❾ 如果创建了多个页面，请使用"显示下一页"和"显示上一页"按钮在页面之间移动。

与其他 PDF 文档一样，转换得到的网站是可浏览、可编辑的。Acrobat 会根据指定的页面布局和原始网站的外观设置 PDF 文件的页面格式。

❿ 选择"文件">"另存为"，将文件命名为 Web.pdf，并保存到 Lesson02\Finished_Projects 文件夹中。

2.12.2　下载并转换链接的网页

在网页的 Adobe PDF 版本中，如果有 Web 链接指向未转换的网页，可下载该网页并将其转换为 PDF，同时将其追加到之前创建的 PDF 文档中。

❶ 在转换得到的网站中找到一个 Web 链接，它指向转换得到的网站中没有的网页。将鼠标指针移到链接上时，鼠标指针将变成手形，同时会出现工具提示，其中包含该链接的 URL，如图 2.33 所示。

❷ 在这个链接上单击鼠标右键（Windows）或按住 Control 键并单击（macOS），再在上下文菜单中选择"追加到文档"，如图 2.34 所示。

图 2.33

图 2.34

"下载状态"对话框将再次出现。下载并转换完毕后，Acrobat 将显示链接的页面，并在书签列表中添加一个指向该页面的书签，如图 2.35 所示。

图 2.35

❸ 选择"文件">"另存为"，将文件重命名为 Web1.pdf，并保存到 Lesson02\Finished_Projects 文件夹中。

❹ 查看完转换得到的网页后，关闭这个 PDF 文件。

在 Web 浏览器中转换网页

在很多 Web 浏览器中都可创建并打印网页的 Adobe PDF 版本，在此过程中，甚至无须离开 Web 浏览器。在支持 PDFMaker 的浏览器中，可使用 PDFMaker 将当前显示的网页转换为 Adobe PDF 文件。在 Acrobat 中打印转换得到的网页时，将使用标准页面尺寸重新设置页面格式，并添加逻辑换页符。

使用 PDFMaker

要在浏览器中使用 PDFMaker，可使用以下步骤。

❶ 访问要转换的网页。

❷ 单击工具栏中的 PDF 按钮（ ），以显示 PDF 菜单。

❸ 选择"将网页转换为 PDF"。

❹ 在"另存为"对话框中，选择文件存储位置、输入文件名并单击"保存"按钮。

Acrobat 使用的默认文件名为 HTML 标签 <TITLE> 中的文本。下载并保存文件时，网页文件名中的非法字符都将被转换为下画线。

在 PDF 菜单中选择"转换设置"或"首选项"，可指定要创建的书签（包括页眉和页脚）、添加标签以及修改页面布局特征（如朝向）等。

在浏览器中启用 Acrobat 扩展

启用 Acrobat 扩展的方式可能随浏览器、浏览器版本以及操作系统版本而异。通常，可按以下方式启用。

- 在 Edge 中，单击工具栏右侧的"设置及更多"并选择"扩展"，再在 Adobe Acrobat 扩展旁边的下拉列表中选择"在工具栏中显示"。
- 在 Firefox 中，选择"扩展和主题"，并确保启用了 Adobe Acrobat 扩展。
- 在 Chrome 中，单击菜单按钮并选择"更多工具">"扩展"，确保启用了 Adobe Acrobat 扩展。如果没有在工具栏中看到它，单击"扩展"图标，并将 Adobe Acrobat 扩展固定到工具栏。

2.13 复习题

❶ 列出 3 种创建 PDF 文件的方式。

❷ 在 Windows 应用程序中，如何使用"打印"命令将文件转换为 Adobe PDF？

❸ 在 macOS 应用程序中，如何使用"打印"命令将文件转换为 Adobe PDF？

❹ 在 Acrobat Pro 中，如何将图像文件转换为可搜索的文本？

2.14 复习题答案

❶ 可使用"创建 PDF"工具从几乎任何格式的文件、扫描得到的文档、网页或剪贴板的内容创建 PDF 文件；在支持 PDFMaker 的应用程序（如 Microsoft Office for Windows）中，可使用 PDFMaker 创建 PDF 文件；几乎在任何应用程序中都可使用"打印"命令来创建 PDF 文件。

❷ 要在 Windows 应用程序中使用"打印"命令来创建 PDF 文件，可使用"打印"命令打开"打印"对话框，再在其中选择 Adobe PDF 打印机、指定设置并单击"打印"按钮。

❸ 要在 macOS 应用程序中使用"打印"命令来创建 PDF 文件，可使用"打印"命令打开"打印"对话框，再在其中单击"PDF"按钮，选择"Save as Adobe PDF"，并单击"保存"按钮。

❹ 要在 Acrobat 中将图像文件转换为可搜索的文本，可使用"扫描和 OCR"工具，选择"识别文本">"在本文件中"，再单击"识别文本"按钮。

第 3 课
阅读和处理 PDF 文件

本课概览

- 阅读 Adobe PDF 文档。
- 搜索 PDF 文档。
- 填写 PDF 表单。
- 打印 PDF 文档。
- 使用 Acrobat 辅助功能。
- 分享 PDF 文件。

学习本课大约需要 60 分钟

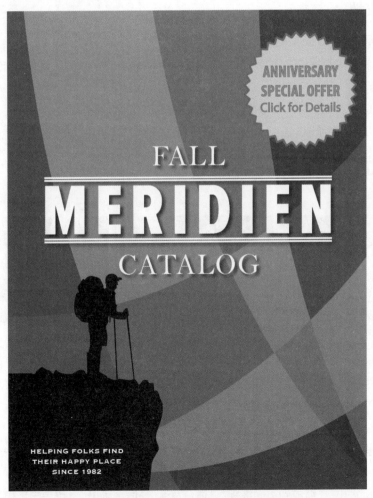

通过使用导览工具、辅助功能和搜索功能等,可最大限度地发挥 PDF 文档的作用。

3.1 关于屏幕显示

工具栏中显示的缩放比例并不是相对于打印尺寸的,而只决定了在屏幕上如何显示页面。在缩放比例为 100% 时,页面中的每个像素都由显示器的一个屏幕像素表示。

> 提示　要查看页面的打印尺寸,可将鼠标指针移到文档窗口的左下角。

在屏幕上显示的页面尺寸取决于显示器的尺寸和分辨率设置。例如,提高显示器的分辨率将增加显示器单位面积中的像素数,导致显示的页面更小,因为页面本身包含的像素数是不变的。

3.2 阅读 PDF 文档

Acrobat 提供了众多导览 PDF 文档及调整缩放比例的方式,例如,可使用文档窗口右边的滚动条来滚动文档,可使用工具栏中的"显示下一页"和"显示上一页"按钮像翻书那样翻页,还可跳至特定页面。

3.2.1 浏览文档

可使用各种导览方法跳至文档的不同页面。

❶ 在 Acrobat 中,选择"文件">"打开",切换到 Lesson03\Assets 文件夹,选择 Fall Hiking.pdf 文件,并单击"打开"按钮。

❷ 选择"视图">"缩放">"实际大小",调整页面的缩放比例。

❸ 选择工具栏中的抓手工具,将鼠标指针移到文档中,再按住鼠标左键,注意到鼠标指针变成了紧握的手形。

❹ 在按住鼠标左键的同时上下拖曳鼠标,在屏幕上移动页面,如图 3.1 所示。这类似于在桌面上移动纸张。

图 3.1

❺ 按 Enter 键显示页面的下一部分。可不断地按 Enter 键,以每次一屏的方式从头到尾查看整个文档。

❻ 在工具栏中的"更多工具"下拉列表(🔛)中选择"适合一个整页"(🔲)。不断单击工具栏中的"显示上一页"按钮,直到返回第 1 页。

❼ 在滚动条的空白区域单击。在 Windows 中,也可单击滚动条中向下的箭头。

此时文档将自动向下滚动,以显示第 2 页,如图 3.2 所示。下面介绍如何在 Acrobat 中滚动和显示 PDF 页面。

要访问"实际大小""缩放到页面级别""适合宽度""适合可见",可单击工具栏中缩放比例右边的下拉按钮。

图 3.2

❽ 在工具栏中的"更多工具"下拉列表中选择"适合宽度滚动",再使用滚动条滚动到第 3 页,如图 3.3 所示。

图 3.3

❾ 选择"视图">"页面导览">"第一页",返回文档开头。

❿ 在工具栏中的"更多工具"下拉列表中选择"适合一个整页",恢复原来的页面布局。

可使用工具栏中的页码文本框直接跳至特定页面。

⓫ 选择工具栏中的当前页码,输入 3 并按 Enter 键,Acrobat 将显示第 3 页。

也可使用滚动条来切换到特定页面。

⓬ 向上拖曳滚动条中的滑块，此时将出现一个页面预览框，其中显示了当前页码。在页面预览框中看到"页面 2/4"后（如图 3.4 所示）松开鼠标。

图 3.4

3.2.2 修改页面的视图缩放比例

如果想修改页面视图的缩放比例，可使用工具栏中的控件，也可使用"视图"菜单中的命令。

❶ 选择"视图">"缩放">"实际大小"，缩放比例将变为 100%。

❷ 单击"显示下一页"按钮切换到第 3 页，注意到缩放比例未变。

❸ 在工具栏中，单击缩放比例右边的下拉按钮以显示预设缩放比例，再选择 200%，如图 3.5 所示。

图 3.5

也可在文本框中输入缩放比例值。

❹ 单击缩放比例右边的下拉按钮，选择"实际大小"，以 100% 的比例显示页面。

下面使用"放大"按钮来放大视图。

❺ 选择工具栏中的当前页码，输入 4 并按 Enter 键，切换到第 4 页。

❻ 单击工具栏中的"放大"按钮（⊕）。

❼ 再次单击"放大"按钮，进一步增大缩放比例。

每次单击缩放按钮时，都将把缩放比例增大或减小到下一个预设值。

❽ 单击缩放比例右边的下拉按钮，选择"缩放到页面级别"，以便能够看到整个页面。

下面使用"选框缩放"工具来放大图像。"选框缩放"工具默认被隐藏，下面先将它添加到工具栏中。

❾ 选择"视图">"显示/隐藏">"工具栏项目">"显示选择和缩放工具">"选框缩放"，将"选

框缩放"工具添加到工具栏中。

⑩ 选择"选框缩放"工具（ ）。将鼠标指针移到彩色手杖图像的左上角，按住鼠标左键的同时向该图像的右下角拖曳。

> **提示** 要在工具栏中显示/隐藏其他工具，可选择"视图">"显示/隐藏">"工具栏项目"，再依次选择工具类别和要显示/隐藏的工具。

此时将放大页面视图，只能看到指定的区域，如图 3.6 所示。

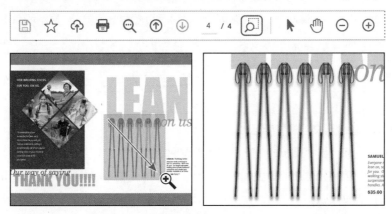

图 3.6

⑪ 再次选择"视图">"缩放">"缩放到页面级别"。

3.2.3 使用"动态缩放"工具

"动态缩放"工具让用户能够通过拖曳鼠标的方式实现缩放。

❶ 选择"视图">"显示/隐藏">"工具栏项目">"显示选择和缩放工具">"动态缩放"，将"动态缩放"工具添加到工具栏中。

❷ 选择"动态缩放"工具（ ）。

❸ 在文档窗口中按住鼠标左键，向上或向左拖曳以放大图像，如图 3.7 所示，向下或向右拖曳可以缩小图像。

图 3.7

❹ 操作完成后，选择抓手工具以取消选择"动态缩放"工具，再在工具栏中的缩放比例下拉列

表中选择"缩放到页面级别",以便能够看到整个页面。

3.2.4 沿链接前行

使用电子文档的一个好处是,可将传统的交叉引用转换为链接,让用户能够直接跳到被引用的部分或文件。例如,可为每个目录项都设置能够跳转到文档相应部分的链接,还可使用链接给传统图书元素(如词汇表和索引)添加交互性。

下面先将一些导览工具添加到工具栏中。

❶ 选择"视图">"显示/隐藏">"工具栏项目">"显示页面导览工具">"显示所有页面导览工具",结果如图 3.8 所示。

图 3.8

下面使用既有链接跳至文档的特定区域。

❷ 单击工具栏中的"显示第一页"按钮( )返回到第 1 页。

❸ 将鼠标指针移到特别优惠奖章上,鼠标指针将从手形变成有指向的手指,表明这是一个链接。单击以跳转到链接指向的位置。

这个链接指向的是第 4 页,如图 3.9 所示。

 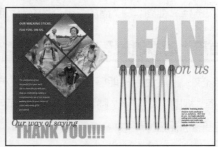

图 3.9

❹ 单击"上一个视图"按钮( )返回上一个视图,即第 1 页。

可随时单击"上一个视图"按钮沿查看路径返回,单击"下一个视图"按钮可撤销最后一次单击"上一个视图"按钮所进行的操作。

❺ 为恢复默认工具栏配置,选择"视图">"显示/隐藏">"工具栏项目">"重置工具栏"。

3.3 搜索 PDF 文档

可在 PDF 文档中搜索单词或短语,例如,要在文档中查找单词 boot,可使用"查找"功能或"搜索"功能。"查找"功能用于在活动文档中查找单词或短语,而"搜索"功能用于在单个文档、一系列文档或 PDF 包中查找单词或短语。这两个功能都可以在文本、图层、表单域和数字签名中进行查找。

下面先使用"查找"功能在打开的文档中查找文本。

❶ 选择"编辑">"查找","查找"面板将出现在应用程序窗口的右上角,在其中的文本框中输入 performance。

为显示与"查找"功能相关的选项,单击文本框右侧的"设置"图标(⚙)。选择打开的列表中的选项可更细致地定义查找条件,如只查找完整的单词、区分大小写以及在书签和注释中查找。如果选项左侧有对钩,就说明启用了该选项。

❷ 单击"下一个"按钮进行查找操作。

此时将高亮显示找到的第一个 performance,它位于文档的第 2 页,如图 3.10 所示。

 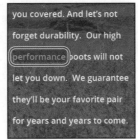

图 3.10

❸ 再次单击"下一个"按钮,以查找下一个 performance。Acrobat 指出未找到更多匹配项,此时请单击"确定"按钮关闭打开的对话框,再关闭"查找"面板。

接下来,使用"搜索"功能在文档中进行更复杂的搜索。在这个练习中,将只搜索一个文档,但使用"搜索"功能可以搜索指定文件集或 PDF 包中所有的文档,甚至可以搜索 PDF 包中的非 PDF 文件。

❹ 选择"编辑">"高级搜索"。

❺ 为只搜索打开的文档,选择"在当前文档中"。

❻ 这里要查找的是 trekking。在搜索文本框中输入 trek。

❼ 单击"搜索"窗口底部的"显示更多选项"超链接。

❽ 在"返回结果中包含"下拉列表中选择"匹配任意单词",以确保返回所有的 trek 搜索结果,包括包含额外字母的单词,如 trekking。

❾ 单击"搜索"按钮,如图 3.11 所示。

"搜索"窗口将显示搜索结果。

❿ 单击任意搜索结果,跳至包含该搜索结果的页面,如图 3.12 所示。

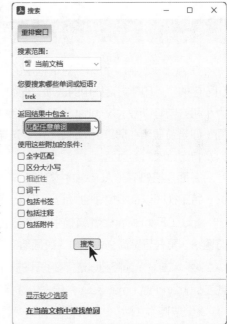

图 3.11

> 💡 提示 如果想保存搜索结果,可在"搜索"窗口中单击"新建搜索"按钮旁边的"保存"按钮,再选择"将结果保存为 PDF"或"将结果保存为 CSV"。

要查看其他搜索结果,可在"搜索"窗口中单击它们。

⓫ 查看完毕后,关闭"搜索"窗口。

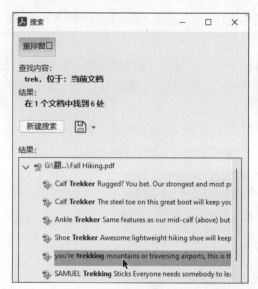

图 3.12

除文档中的文本外,"搜索"功能还可以搜索对象数据和图像元数据。搜索多个 PDF 文档时,Acrobat 还会查看文档属性和 XML 元数据。如果 PDF 文档有附件,还可将附件也包含在搜索范围内。如果搜索范围包含 PDF 索引,Acrobat 将搜索索引化结果标签。要搜索加密的文档,必须先打开它。

3.4 打印 PDF 文档

在 Acrobat 中,"打印"对话框中的很多选项都类似于其他流行应用程序的"打印"对话框中的选项,例如,可选择打印机以及设置纸张大小和方向等参数。Acrobat 也具有灵活性,让用户能够只打印当前视图(即当前显示在屏幕上的那部分)、选定区域、特定页面、选定页面以及特定范围内的页面。

下面介绍如何在 Acrobat 中打印在"页面缩略图"面板中选定的页面、特定视图以及不相邻的页面。

❶ 在 Fall Hiking.pdf 文档中,单击文档窗口左边的三角形打开导览窗格,再在导览窗格中单击"页面缩略图"按钮,如图 3.13 所示。

❷ 单击 3 个缩略图以选择要打印的页面。可按住 Ctrl 键(Windows)或 Command 键(macOS)并单击以选择相邻或不相邻的页面。

❸ 选择"文件">"打印",打开"打印"对话框,并选择打印机。由于已经在"页面缩略图"面板中选择了页面,因此"打印"对话框中自动选择了"选定的页面"单选按钮,如图 3.14 所示。

> 💡 提示 也可从上下文菜单中选择"打印页面"来打开"打印"对话框。

❹ 单击"确定"或"打印"按钮打印选定页面;如果不想打印,可单击"取消"按钮。

图 3.13

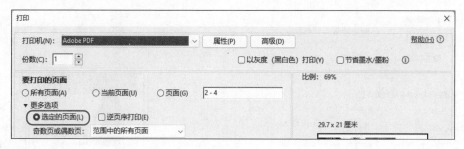

图 3.14

如果遇到打印问题,需要获取帮助,可单击"打印"对话框右上角的"帮助"超链接,前往 Adobe 网站获取最新的打印信息。

❺ 打印完毕(如果选择不打印,则关闭"打印"对话框)后,在"页面缩略图"面板的空白区域单击,以取消选择所有的缩略图。

❻ 关闭"页面缩略图"面板。

❼ 滚动到文档的第 3 页。

❽ 将页面放大到 200%,再使用抓手工具将页面往上移,以便看到 JAHN Ruck Pack,如图 3.15 所示。

图 3.15

❾ 选择"文件">"打印",再选择打印机。

❿ 在"要打印的页面"部分,单击"更多选项",再选择"当前视图"单选按钮。

预览图中将显示当前在文档窗口中可见的内容。在"调整页面大小和处理页面"部分选择"适合"单选按钮,如图 3.16 所示。

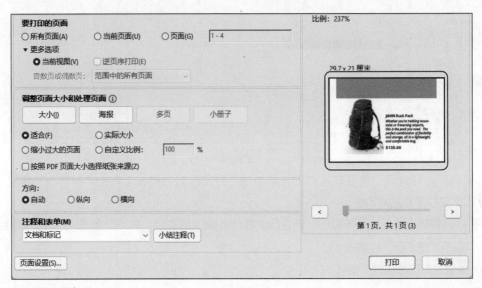

图 3.16

打印时如果选择了"当前视图"单选按钮，Acrobat 将只打印文档窗口内的内容。这里不这样做，而选择打印指定的页面。

⑪ 在"要打印的页面"部分选择"页面"单选按钮。

⑫ 在页面文本框中输入 1, 3-4。如果此时单击"确定"或"打印"按钮，Acrobat 将打印第 1 页、第 3 页和第 4 页。在这个文本框中，可输入不连续的页面并用逗号分隔，也可输入页面范围。

⑬ 要打印指定的页面，可单击"打印"或"确定"按钮；如果不想打印，可单击"取消"按钮。

⑭ 选择"文件">"关闭"，将 Fall Hiking.pdf 文档关闭。

有关如何打印注释，请参阅第 10 课。

如果 PDF 文件包含尺寸特殊的页面，可在"打印"对话框的"调整页面大小和处理页面"部分缩小、放大或拆分页面。"适合"选项将缩放每个页面，以适合打印机页面尺寸（将根据需要放大或缩小 PDF 文件中的页面）。"海报"选项将平铺超大尺寸的页面，即将各部分打印到不同的纸张上，再通过组合这些纸张重现超大尺寸的页面。你还可以根据文档的页面大小来确定纸张来源。

打印小册子

如果打印机支持双面打印，可在 Acrobat 中打印双联的骑马钉小册子。小册子由多个页面组成，这些页面折叠后将得到正确的排列顺序。在双联的骑马钉小册子中，两个并排的页面被打印到纸张的两面，经过折叠后位于折缝两边。第一个页面和最后一个页面被打印到同一张纸的两面，第二个页面和倒数第二个页面也被打印到同一张纸的两面，依此类推。将这些双面打印的纸张整理、折叠并装订后，便可得到一个页面排序正确的小册子。

要在 Acrobat 中打印小册子，可采用以下步骤。

❶ 选择"文件">"打印"，并选择要使用的打印机。

❷ 在"要打印的页面"部分指定要打印的页面。

❸ 在"调整页面大小和处理页面"部分单击"小册子"按钮。

❹ 选择其他页面处理选项，如图 3.17 所示。可自动旋转页面，指定最先打印和最后打印的页面，选择装订边缘等。预览图将随指定的选项而异。有关这些选项的更详细信息，请参阅 Acrobat 帮助文档中的"打印小册子"部分。

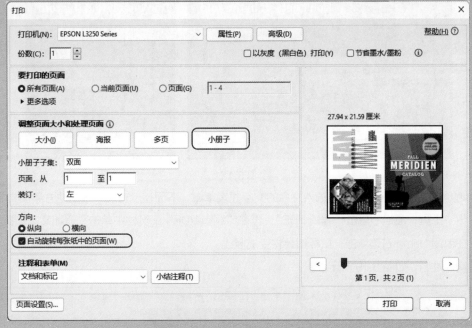

图 3.17

3.5 填写 PDF 表单

PDF 表单可以是交互式的，也可以是非交互式的。交互式 PDF 表单也被称为可填写的表单，它们包含内置表单域，行为类似于网上的表单或通过电子方式发送的表单：可在 Acrobat 或 Acrobat Reader 中使用选择工具或抓手工具来输入数据。

> 💡 提示　可在平板电脑和手机中使用 Acrobat 来填写 PDF 表单，有关这方面的详细信息，请参阅第 6 课。

非交互式 PDF 表单（普通表单）是通过扫描表单创建的页面，这些页面中没有表单域，而只包含表单域图像。通常把这样的表单打印出来，通过手写或使用打字机进行填写，再以邮件或传真的方式发送其硬拷贝。在 Acrobat 中，可使用"填写和签名"工具或"添加文本"工具在线填写非交互式表单。

有关创建和管理交互式表单的详细信息，请参阅第 11 课。

下面来填写一个交互式表单中的表单域，并使用"添加文本"工具在没有表单域的地方添加信息。

❶ 选择"文件">"打开"，切换到 Lesson03\Assets 文件夹，选择 Contact Update.pdf 文件，并单击"打开"按钮。

打开这个文档后，可以看到 Acrobat 高亮显示了其中的表单域。

❷ 单击 Address 表单域，并输入一个地址。输入的内容将以表单创建者指定的字体和字号显示。

❸ 输入电子邮箱地址和电话号码，如图 3.18 所示。

图 3.18

表单的创建者忘记了创建用于输入姓名的交互式表单域，下面在没有表单域的地方添加文本。

❹ 在"工具"窗格中单击"编辑 PDF"，再在"编辑 PDF"工具栏中单击"添加文本"工具。

❺ 在单词 Name 右边单击，鼠标指针将变成竖线。

❻ 输入姓名，如图 3.19 所示。

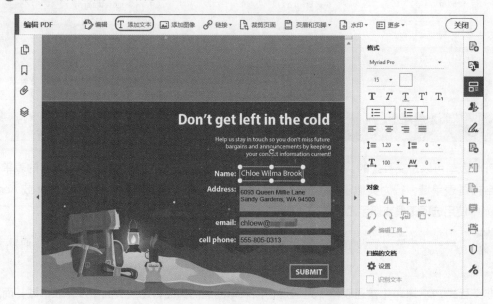

图 3.19

可使用"添加文本"工具在任何 PDF 文件中添加文本，除非安全设置禁止这样做。还可使用右边窗格中"格式"部分的选项设置文本的格式。

❼ 在"编辑 PDF"工具栏中单击"关闭"按钮。

❽ 选择"文件">"另存为"，将这个表单保存到 Lesson03\Finished_Projects 文件夹，并将其命名为 Contact Update complete.pdf。

如果想要确保输入的数据都保存了，可打开并查看保存的文件。

❾ 选择"文件">"关闭"将这个表单关闭。

3.6 灵活性、易用性和结构简介

Adobe PDF 文件的易用性和灵活性决定了有视觉或运动障碍的人以及移动设备用户能够轻松地访问、重排（如果允许的话）和重用其内容。Adobe PDF 文件的易用性和灵活性是由其结构化程度和创建方式决定的。

让 PDF 文档更易于使用，可扩大潜在的用户群体。在 Acrobat 中，与易用性相关的功能被称为辅助功能，分为两大类。

- 第一类功能让制作者能够从空白文档或既有 PDF 文档创建易于使用的文档。这些功能包括检查易用性以及在 PDF 文档中添加标签的简单方法。在 Acrobat Pro 中，还可通过编辑结构来修复 PDF 文件中存在的易用性和阅读顺序方面的问题。
- 第二类功能让有视觉或运动障碍的阅读者能够更轻松地导览和查看 PDF 文档。在这些功能中，很多功能都可通过向导（辅助工具设置助手）进行调整。

Adobe PDF 文件要灵活且易用，那么它必须是结构化的。Adobe PDF 文件支持 3 种结构化级别：带标签的、结构化的和非结构化的。带标签的 PDF 文件的结构化程度最高；结构化的 PDF 文件具有一定的结构化程度，但灵活性和易用性不如带标签的 PDF 文件；非结构化的 PDF 文件没有结构化可言（在本课后面你将看到，对于非结构化文件，可进行有限的结构化）。文件的结构化程度越高，重用其内容就越容易、越可靠。

在以下情况下，将在文档中添加结构：创建者定义页眉和分栏，添加诸如书签等导览辅助元素，给图形添加替代文本。将文档转换为 Adobe PDF 时，在很多情况下都会自动添加合理的结构和标签。

将 Microsoft Office 文件、Adobe FrameMaker 文档、InDesign 文档或网页转换为 PDF 文档时，都会自动在生成的 PDF 文件中添加标签。

如果 PDF 文档不能很好地重排，可在 Acrobat Pro 中使用"辅助工具"窗格或"TouchUp 阅读顺序"工具修复大部分问题。然而，更好的做法是一开始就创建结构良好的文档。

3.7 检查易用性（仅 Acrobat Pro）

将 Adobe PDF 文档分发给用户前，最好对其进行易用性检查，为此可使用"辅助工具检查器"面板，它会指出文档是否包含使其易于使用所需的信息，还会检查文档是否存在禁止访问的保护设置。

下面先来看看从 Microsoft Word 文件创建的带标签的 PDF 文件的易用性和灵活性。

❶ 选择"文件">"打开"，切换到 Lesson03\Assets 文件夹，并双击 Footwear.pdf 文件。

❷ 选择"文件">"另存为"，将文件命名为 Footwear_Accessible.pdf，并保存到 Lesson03\Finished_Projects 文件夹。

❸ 在"工具"窗格中单击"辅助工具"。如果"工具"窗格中没有"辅助工具"，就单击工具栏中的"工具"标签，找到"保护和标准化"类别中的"辅助工具"，再在它下方的下拉列表中选择"添加快捷方式"，如图 3.20 所示。然后回到"工具"窗格，并单击"辅助工具"。

"辅助工具"选项将出现在右边的窗格中。

图 3.20

> **提示** 默认情况下，"工具"窗格中只显示了部分工具。要在"工具"窗格中添加或删除工具，可单击工具栏中的"工具"标签，再在要添加或删除的工具下方的下拉列表中选择"添加快捷方式"或"删除快捷方式"。

本课将多次用到"辅助工具"，将其添加到"工具"窗格中可方便我们进行操作。可随时删除"工具"窗格中的工具，只需进入工具中心，在要删除的工具下方的下拉列表中选择"删除快捷方式"。

❹ 单击右边窗格中的"辅助工具检查"，如图 3.21 所示。

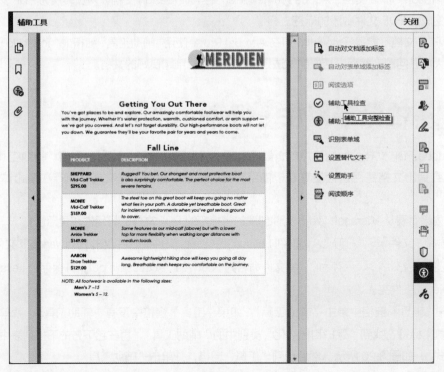

图 3.21

58　Adobe Acrobat 经典教程（第 4 版）

❺ 在"辅助工具检查器选项"对话框中保留默认设置，并单击"开始检查"按钮，如图 3.22 所示。

图 3.22

Acrobat 将快速检查文档存在的易用性问题，并在导览窗格中显示"辅助工具检查器"面板，其中列出了当前文档存在的一些问题。

❻ 展开"文档"列表，其中列出了 5 个问题，如图 3.23 所示。

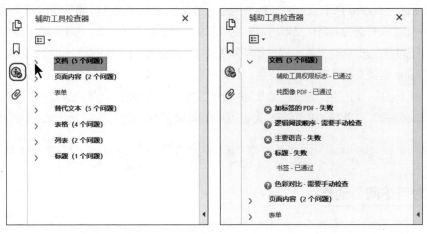

图 3.23

其中两个问题（逻辑阅读顺序和色彩对比）要求手动检查文档，以确定是否确实存在对应问题。下面来修复一个问题——标题。

在易用的文档中必须包含文档标签，并将其设置为自动显示在标题栏中。要了解"辅助工具检查器"面板中列出的问题，可选择它，再在面板顶部的选项菜单中选择"解释"。

❼ 在问题"标题"上单击鼠标右键或按住 Control 键并单击，再选择"修复"，如图 3.24（左）所示。面板内容将发生变化，指出标题已通过检查，如图 3.24（右）所示，这是因为 Acrobat 修改了其设置。如果文档没有标题，将提示你输入文档标题。使用"辅助工具检查器"面板可快速修复大部分易用性问题。在接下来的练习中，将使用"设为可访问"动作来修复余下的问题。

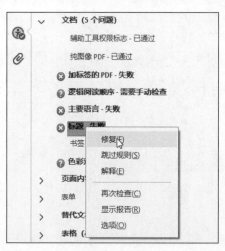 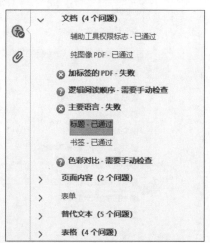

图 3.24

❽ 关闭"辅助工具检查器"面板和"辅助工具"窗格。

可在增强 PDF 文件的安全性的同时让其易于使用。Acrobat 提供的加密功能可禁止用户复制 PDF 文件中的文本，同时支持辅助技术。

3.8 让文件灵活且易用（仅 Acrobat Pro）

有些带标签的 Adobe PDF 文档中可能并未包含让其内容足够灵活或易于使用所需的所有信息。例如，文件中可能没有图形的替代文本；对于使用非文档默认语言的文本，没有提供相关的语言属性；对于缩略语，没有对应的完整文本。通过给不同的文本元素指定合适的语言，可确保重用文档内容时使用正确的字符，朗读文档内容时发音正确，对文档进行拼写检查时使用正确的字典。

在 Acrobat Pro 中，可使用"标签"面板添加替代文本和多种语言（如果只需要一种语言，那么更好的做法是在"文档属性"对话框中指定该语言）。要添加替代文本，还可使用"TouchUp 阅读顺序"工具。

> 注意　在 Acrobat Standard 中，可使用"辅助工具"窗格中的工具来添加标签和替代文本。

使用"设为可访问"动作

在 Acrobat Pro 中，可使用"设为可访问"动作来确保 PDF 文档易于使用。这个动作将指定文档属性、设置跳转顺序、添加标签与添加替代文本。

在 Acrobat Pro 中，"设为可访问"动作是"动作向导"中默认的动作之一。如何使用和创建动作将在第 12 课更详细地介绍。

❶ 单击工具栏中的"工具"标签,再单击"自定义"类别中的"动作向导"工具,如图 3.25(左)所示。

❷ 在"动作列表"窗格中单击"设为可访问",如图 3.25(右)所示。

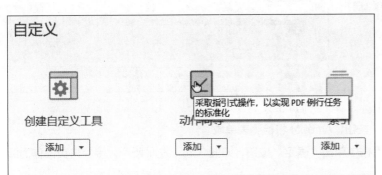
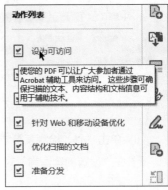

图 3.25

"动作列表"窗格被替换为"设为可访问"窗格,其中列出了这个动作包含的步骤。这个动作将尽可能地自动化这些步骤,以引导你执行让文档易于使用所需的步骤。

❸ 确认在"要处理的文件"文本框中显示的是 Footwear_Accessible.pdf。

❹ 单击"开始"按钮,如图 3.26(左)所示。

为"设为可访问"动作的第一部分添加文档设置,以确保其灵活性和易用性。

❺ 在"说明"对话框中,取消选择"标题"部分的"不变"复选框,将标题改为 Fall Footwear Line,再单击"确定"按钮,如图 3.26(右)所示。

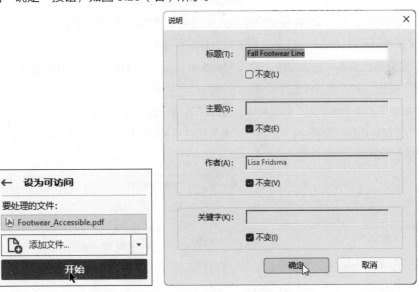

图 3.26

文档打开后,"说明"对话框中指定的标题将出现在标题栏中。单击"确定"按钮后,Acrobat 将自动执行下一步:为文档设置合适的"打开"选项。

❻ 在"识别文本-一般设置"对话框中保留默认设置并单击"确定"按钮,如图 3.27(左)所示。这些设置决定了将如何使用 OCR 来为屏幕阅读器识别文本。

❼ Acrobat 询问是否要将该文档用作可填写的表单，单击"否，跳过此步骤"按钮，如图 3.27（右）所示。

图 3.27

如果单击"是，检测表单域"按钮，Acrobat 将检测表单域。

❽ 在"设置阅读语言"对话框中单击"确定"按钮，如图 3.28（左）所示，接受将英语作为阅读语言。

Acrobat 将自动执行下一步：给文档添加标签。

❾ Acrobat 询问是否要显示所有缺少替代文本的插图，单击"确定"按钮，如图 3.28（右）所示。

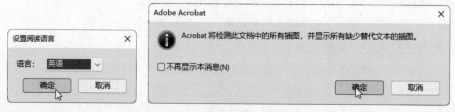

图 3.28

屏幕阅读器使用替代文本向有视觉障碍的用户描述非文本元素，如插图。Acrobat 对文档进行检查，确保每个图像都有替代文本，如果没有，就会提醒你指定。

❿ 在"设置替代文本"对话框中，输入 Meridien Logo，将其作为选定图像的替代文本，再单击"保存并关闭"按钮，如图 3.29（左）所示。

⓫ 在"辅助工具检查器选项"对话框中，单击"开始检查"按钮，以确认文档现在是易于使用的。

在"辅助工具检查器"面板中，"文档"列表下现在只有两个问题，而这两个问题都需要人工确认，如图 3.29（右）所示。

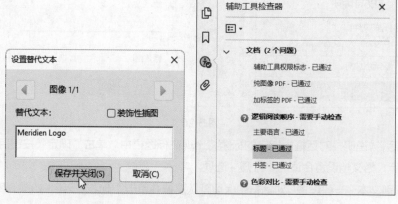

图 3.29

⓬ 关闭"辅助工具检查器"面板和"动作列表"窗格，但不要关闭 Footwear_Accessible.pdf 文档（其标签中显示的是 Fall Footwear Line，因为第 5 步修改了标题）。

> ### 标签简介
>
> 用户在文档中添加标签时，Acrobat 将在文档中添加一个逻辑树结构，该结构决定了屏幕阅读器和朗读功能将以什么样的顺序重排和阅读页面内容。在 Acrobat Pro 中，可使用"设为可访问"动作让 Acrobat 自动添加标签。无论是在 Acrobat Pro 还是在 Acrobat Standard 中，都可使用"辅助工具"中的"自动对文档添加标签"选项来指定标签，再查看识别报告。对于较复杂的页面（包括形状不规则的分栏、项目符号列表、横跨多栏的文本等的页面），Acrobat 可能会标出需要特别注意的区域。在识别报告中，可单击每个错误对应的链接，导览到 PDF 文档中有问题的地方，再在"辅助工具"中单击"阅读顺序"来修复问题（如果使用的是 Acrobat Pro）。
>
> 要查看 Acrobat 在文档中添加了哪些标签，可在导览窗格中单击"标签"按钮打开"辅助功能标签"面板（如果导览窗格中没有"标签"按钮，请选择"视图">"显示/隐藏">"导览窗格">"辅助功能标签"），再单击"标签"字样旁边的箭头以查看标签。

3.9 使用 Acrobat 辅助功能

很多有视觉或运动障碍的人也会使用计算机，Acrobat 提供了大量相关的功能，让这些人能够更轻松地使用 PDF 文件，其中包括：
- 重排文本；
- 自动滚动；
- 快捷键；
- 支持多个屏幕阅读器应用程序，包括 Windows 和 macOS 平台内置的文本转语音引擎；
- 改进的屏幕显示。

3.9.1 重排 PDF 文件

下面来看看带标签的 PDF 文件有多灵活。你将重排 PDF 文件，以便在屏幕宽度不同的情况下轻松地阅读其内容。

为此，先调整文档窗口的尺寸，以模拟更小的移动设备屏幕。

❶ 选择"视图">"缩放">"实际大小"，以 100% 的缩放比例显示文档。

❷ 调整 Acrobat 窗口的大小，使得文档只有大约 50% 被显示出来。在 Windows 中，如果窗口已最大化，就单击"向下还原"按钮；如果没有最大化，就拖曳窗口的一角以缩小窗口。在 macOS 中，可直接拖曳窗口的一角以缩小窗口。

这里的目标是调整 Acrobat 窗口的大小，让文本末尾的一部分无法在文档窗口中显示出来。

❸ 选择"视图">"缩放">"重排"。

文档的内容被重排，以适应较小的文档窗口。现在无须使用水平滚动条就能看到完整的文本行，如图 3.30 所示。

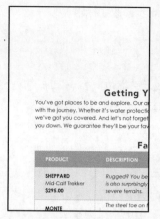 

图 3.30

重排文本时，页码和页眉等内容通常会被丢弃，因为它们不再与页面显示相关。同时将以每次一页的方式重排文本，且无法保存重排后的文档状态。

下面来看看修改缩放比例时，显示的内容将如何变化。

❹ 在工具栏的缩放比例下拉列表中选择 400%。

❺ 向下滚动，看看文本是如何被重排的。同样，由于文本被重排了，无须使用水平滚动条左右移动就能看到页面中被放大的文本，换言之，文本没有超出文档窗口的左右边界，如图 3.31 所示。

图 3.31

❻ 查看完重排后的文本后，将缩放比例恢复到 100%，并调整文档窗口的大小，以便看到整行内容。

对于带标签的文档，可将其内容保存为其他文件格式，以便在其他应用程序中重用。例如，如果将当前文件导出为"文本（具备辅助工具）"格式，将发现即便是表格内容也会被保存为一种更易于使用的格式。

使用 Acrobat，你甚至可以使有些非结构化文档更容易地让所有类型的用户访问。在所有的 Acrobat 版本中，都可使用"自动对文档添加标签"命令给文档添加标签，但要修复与标签和顺序相关的问题，必须使用 Acrobat Pro。

3.9.2 使用"辅助工具设置助手"

Acrobat 和 Acrobat Reader 都提供了"辅助工具设置助手"。

在 Windows 中，当 Acrobat 或 Acrobat Reader 首次在系统中检查到屏幕阅读器、屏幕放大器或其他辅助技术时，将自动启动"辅助工具设置助手"。在 macOS 中，可选择 Acrobat >"辅助工具设置助手"或 Acrobat Reader >"辅助工具">"设置助手"来打开"辅助工具设置助手"。另外，在 Acrobat 中，随时都可以在"辅助工具"中选择"设置助手"来打开"辅助工具设置助手"。"辅助工具设置助手"将引导用户设置相关的选项，对如何在屏幕上显示 PDF 文档进行控制。还可以使用它来设置将打印输出发送给盲文打印机的选项。

有关可在"辅助工具设置助手"中设置的选项的完整说明，请参阅 Acrobat 帮助文档。可设置的选项随系统使用的辅助技术类型而异，"辅助工具设置助手"的第一个面板会要求用户指定使用的辅助技术类型：

- 如果使用了朗读文本或将输出发送到盲文打印机的设备，请选择"设置屏幕阅读器选项"；
- 如果使用了让屏幕上的文本更大的设备，请选择"设置屏幕放大镜选项"；
- 如果使用了多种辅助设备，请选择"设置所有的辅助工具选项"；
- 如果要使用 Adobe 推荐的设置，请单击"使用建议设置并跳过设置过程"按钮。请注意，对使用了辅助技术和没有使用辅助技术的用户来说，默认的 Acrobat 设置是不同的。

除可使用"辅助工具设置助手"来设置的选项外，在 Acrobat/Acrobat Reader 首选项中，还可设置控制自动滚动、朗读和阅读顺序的选项。即便没有使用辅助技术，也可以设置其中某些选项。例如，可设置"多媒体"首选项，以显示有关视频和音频附件的说明。

如果打开了"辅助工具设置助手"，请单击"取消"按钮，在不做任何修改的情况下关闭它。

3.9.3 启用自动滚动

阅读长文档时，使用自动滚动功能可避免使用键盘或鼠标移动文档内容。可控制滚动速度、向前滚动或向后滚动以及一键退出自动滚动。

下面来尝试使用自动滚动功能。

❶ 选择"文件">"打开"，再打开 Fall Hiking.pdf 文件。如果有必要，可将 Acrobat 窗口最大化。

❷ 选择"视图">"页面显示">"自动滚动"，结果如图 3.32 所示。

图 3.32

❸ 可使用键盘上的数字键设置滚动速度：数字越大，滚动速度越快。尝试按数字键 9 以更快的速度滚动，再按数字键 1 慢慢地滚动。要退出自动滚动，可按 Esc 键。

❹ 关闭 Fall Hiking.pdf 文件。

3.9.4 关于快捷键

一些常用命令和工具旁边显示了对应的快捷键。完整的快捷键列表请参阅 Acrobat 帮助文档。

还可使用快捷键来控制 Web 浏览器中的 Acrobat 文档。如果当前获得焦点的是 Web 浏览器，使用的任何快捷键都会根据 Web 浏览器的导览和选择设置而起作用。可按 Tab 键将焦点从 Web 浏览器切换到 Acrobat 文档，让其对应的快捷键正常起作用。要将焦点从 Acrobat 文档切换到 Web 浏览器，可按 Ctrl + Tab（Windows）或 Command + Tab（macOS）组合键。

3.9.5 修改屏幕元素

可平滑文本、线条和图像，让屏幕内容更容易阅读，尤其是在文本字号较大时。如果使用的是笔记本或液晶屏幕，也可使用"平滑文本"选项来提高显示质量。这些选项可在"页面显示"首选项中设置。

在 Acrobat 中，可使用"辅助工具"首选项来修改显示器上显示的背景或文本的颜色；这种颜色修改只会影响屏幕显示，而不会影响打印到纸张上或保存到 PDF 文件中的内容。

要增大书签文本的尺寸，可在"书签"面板的选项菜单中选择"文本大小">"大号"。

可以尝试使用不同的屏幕显示选项和辅助工具选项，以找到最符合要求的组合。

3.9.6 设置朗读首选项

安装屏幕阅读器并将其设置为支持 Acrobat 后，就可以在 Acrobat 中设置屏幕阅读器首选项了。这些首选项是在"朗读"面板中设置的，它们控制音量、音调、语速、语音属性和阅读顺序。

较新的系统（包括 Windows 和 macOS）内置了文本转语音引擎。虽然朗读功能能够朗读 PDF 文件中的文本，但它并不是屏幕阅读器。并非所有系统都支持朗读功能。

下面查看影响 Adobe PDF 文档朗读方式的首选项。除非系统中安装了文本转语音软件，否则不要设置这些首选项。

❶ 单击 Fall Footwear Line 文档标签，让该文档处于活动状态（如果关闭了它，请重新打开它），如图 3.33 所示。

❷ 如果系统安装了文本转语音软件，请选择"视图">"朗读">"启用朗读"。

❸ 启用朗读功能后，选择"视图">"朗读">"仅朗读本页"，Acrobat 将朗读当前显示的页面。

❹ 要停止朗读，按 Ctrl + Shift + E（Windows）或 Command + Shift + E（macOS）组合键。

可设置朗读选项。

❺ 选择"编辑">"首选项"（Windows）或"Acrobat">"首选项（macOS）"，并在"首选项"对话框左边的列表中选择"朗读"。根据自己的喜好设置各个选项。

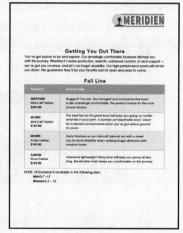

图 3.33

可控制音量、音调、语速和使用的声音。

❻ 在"首选项"对话框中，单击"确定"按钮让修改生效。如果不想做任何修改，就单击"取消"按钮关闭"首选项"对话框。

❼ 要测试修改后的设置，选择"视图">"朗读">"仅朗读本页"。

❽ 要停止朗读，按 Ctrl + Shift + E（Windows）或 Command + Shift + E（macOS）组合键。

3.10 分享 PDF 文件

可以用多种不同的方式与人分享 PDF 文档，包括发布到网站、复制到闪存以及以电子邮件附件的方式发送，还可以在 Adobe 云存储中分享指向 PDF 文档的链接。相关分享工具位于工具栏右侧。

❶ 在打开了 Fall Footwear Line 文件的情况下，单击工具栏中的"通过电子邮件发送文件"按钮（✉），如图 3.34 所示。

图 3.34

Acrobat 将显示文档共享选项，如图 3.35 所示。

如果选择"作为链接发送"，Acrobat 将把文档上传到云存储，并通过电子邮件发送一个指向该文档的链接。如果取消选择"作为链接发送"，Acrobat 会将 PDF 文档作为电子邮件附件发送。

❷ 取消选择"作为链接发送"，再选择"默认电子邮件"或"网络邮件"。如果选择"网络邮件"，请在下拉列表中选择一个网络邮件服务，并添加账户信息。

添加网络邮件账户后，它将出现在下拉列表中，用户可以直接选择它。

❸ 单击"下一步"按钮。

❹ 如果使用的是网络邮件账户，请在系统提示时登录并授权 Acrobat 访问。

此时将打开 E-mail 应用程序或网络邮件程序，其中有一封空邮件，但已将 PDF 文件作为附件。

❺ 输入 E-mail 地址、主题和简短的邮件内容。

❻ 发送邮件。

❼ 关闭文档，再关闭 Acrobat。

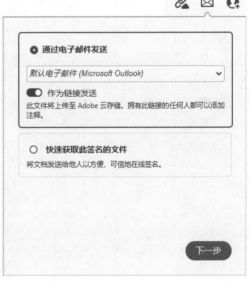

图 3.35

3.11 复习题

❶ 列出在 Acrobat 中切换到文档不同页面的多种方法。
❷ 列出几种修改 PDF 文档视图缩放比例的方法。
❸ 在 Acrobat Pro 中，如何判断 PDF 文档是否易于使用？
❹ 在 Acrobat 中，如何打印多个不相邻的页面？

3.12 复习题答案

❶ 要切换到其他页面，可采取以下做法：单击工具栏中的"显示上一页"或"显示下一页"按钮；拖曳滚动条上的方块；在工具栏中的页码文本框中输入页码；单击书签、页面缩略图或跳至其他页面的链接。

❷ 要修改视图缩放比例，可采取以下做法：选择"视图" > "缩放"菜单中调整视图的命令；使用"选框缩放"工具；从工具栏中选择一个预设缩放比例；在工具栏的缩放比例文本框中输入百分比值。

❸ 在 Acrobat Pro 中，要判断 PDF 文件是否易于使用，可打开"辅助工具"，再单击"辅助工具检查"。

❹ 要打印不相邻的页面，可选择页面缩略图，再选择"文件" > "打印"；也可在"打印"对话框中选择"页面"，再输入要打印的页面的页码或范围，并用逗号分隔。

第 4 课
改善 PDF 文档

本课概览

- 重新排列 PDF 文档中的页面。
- 旋转和删除页面。
- 在 PDF 文档中插入页面。
- 编辑链接和书签。
- 在 PDF 文档中重编页码。
- 设置文档属性及添加元数据。

学习本课大约需要 **45** 分钟

在 PDF 文档中，可重新排列、裁剪、删除和插入页面，可编辑文本或图像，还可添加诸如书签和链接等导览辅助元素。

4.1 查看工作文件

本课将处理一些与虚构会议 Meridien Conference 相关的材料，该会议指南是为打印和在线查看而设计的，由于还未最终定稿，因此存在不少错误。下面将使用 Acrobat 来修复这个 PDF 文档中存在的问题。

❶ 启动 Acrobat。

❷ 选择"文件">"打开"，切换到 Lesson04\Assets 文件夹，选择 Conference Guide.pdf，并单击"打开"按钮。然后选择"文件">"另存为"，单击"选择其他文件夹"按钮，切换到 Lesson04\Finished_Projects 文件夹，将文件重命名为 Conference Guide_revised.pdf，并单击"保存"按钮。

❸ 如果没有打开导览窗格，单击文档窗口左边的三角形打开它，再在导览窗格中单击"书签"按钮。

打开"书签"面板，其中包含多个创建好的书签，如图 4.1 所示。书签是指向文档中特定位置的链接，可能是根据大多数桌面出版程序都能够创建的目录项生成的，也可能是根据诸如 Microsoft Word 等应用程序设置的标题生成的。在 Acrobat 中可以创建书签，还可以指定书签的外观以及给书签添加动作。

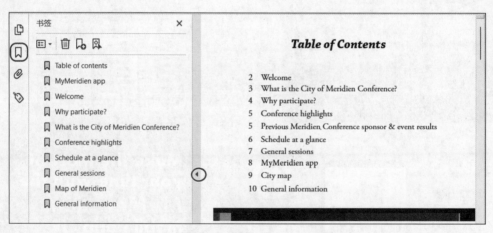

图 4.1

可以看到，书签的排列顺序与目录项的排列顺序并不一致。存在几个与书签相关的错误，稍后将修复它们。

❹ 单击 Table of contents 书签，切换到指南的第 1 页（如果当前不在该页）。

❺ 在文档窗口中，将鼠标指针移到各个目录项上，注意到鼠标指针变成了有指向的手形，这表明目录项都是链接。

❻ 在文档窗口中单击目录项 MyMeridien app，切换到该链接指向的位置（务必要单击文档窗口中的目录项，而不要单击"书签"面板中的书签），如图 4.2 所示。

可以看到，文档窗口中显示的页面的页码为 2，但在目录中显示的页码为 8。这表明页面的排列顺序不正确。

❼ 选择"视图">"页面导览">"上一视图"，返回包含目录的页面。

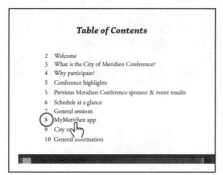 

图 4.2

4.2 使用页面缩略图移动页面

页面缩略图提供了一种预览页面的方便途径。本书前面使用了页面缩略图来导览文档,下面使用它们快速地重新排列文档中的页面。

❶ 在导览窗格中单击"页面缩略图"按钮,结果如图 4.3 所示。

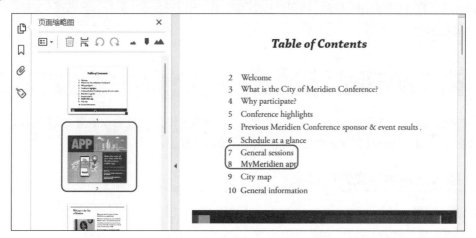

图 4.3

MyMeridien app 页面的位置不正确,根据目录,这个页面应紧跟在标题 General sessions 所在页面的后面。

❷ 单击第 2 页的缩略图以选择它。

❸ 将选定缩略图向下拖曳,直到插入点位于第 8 页和第 9 页的缩略图之间。

❹ 松开鼠标,将该页面插入新位置。"页面缩略图"面板中的页面将发生变化,以反映新的页面排列顺序,如图 4.4 所示。

现在 MyMeridien app 页面紧跟在 General sessions 页面的后面,且位于 City map 页面的前面。

❺ 为检查页面排列顺序是否正确,选择"视图">"页面导览">"第一页"切换到文档的第 1 页,再不断单击"显示下一页"按钮,直到到达文档末尾。

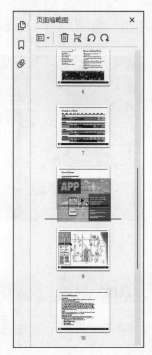

图 4.4

❻ 确定页面的排列顺序正确后,单击"页面缩略图"按钮关闭这个面板,再选择"文件">"保存"将所做的修改保存。

4.3 操作页面

当前文档的第 1 页为 Table of Contents 页面,它不够吸引人。为使会议指南更具吸引力,下面添加一个封面,再通过旋转让该封面与文档中的其他页面更匹配。

4.3.1 插入来自其他文件的页面

首先插入封面。

❶ 在"工具"窗格中单击"组织页面"。

❷ 在"组织页面"工具栏中,单击"插入"并选择"从文件",如图 4.5(上)所示。

❸ 切换到 Lesson04\Assets 文件夹,选择 Conference Guide Cover.pdf,再单击"打开"按钮。

❹ 在"插入页面"对话框中,在"位置"下拉列表中选择"之前",在"页面"部分选择"第一页",再单击"确定"按钮,如图 4.5(下)所示,把所选 PDF 文件插入目标文档的最前面。

图 4.5

图 4.5（续）

选择的封面文档作为第 1 页出现在了 Conference Guide_revised.pdf 文档中，如图 4.6 所示。

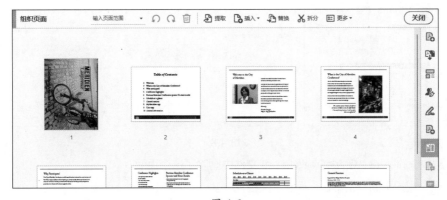

图 4.6

> 💡 **提示** 如果插入的页面比文档中的其他页面都大，可将该页面中多余的区域裁剪掉。为此，可在页面上单击鼠标右键，再选择"裁剪页面"。

❺ 选择"文件"＞"保存"将所做的修改保存。

4.3.2 旋转页面

现在封面页已位于会议指南文档中，但方向不正确。下面来旋转这个新页面，使其与文档中的其他页面更匹配。

❶ 选择封面的缩略图，该缩略图上出现了两个旋转图标、一个删除图标和一个用于显示更多选项的图标。

❷ 单击逆时针旋转图标，如图 4.7（左）所示。

> 💡 **提示** 如果订阅了 Acrobat 或 Creative Cloud，可在平板电脑或手机上使用 Acrobat 来重新排列页面以及旋转页面，有关这方面的详细信息，请参阅第 6 课。

Acrobat 将旋转该页面，使其与文档中的其他页面更匹配，如图 4.7（右）所示。使用这种方式旋转

图 4.7

页面时，只会旋转选定页面。

4.3.3 删除页面

在当前文档中，最后一个页面与其他页面不太匹配，会议组织委员会决定单独分发它。下面从文档中删除该页面。

❶ 选择最后一个页面（第 14 页）的缩略图。

❷ 单击删除图标，如图 4.8（左）所示。

❸ 单击"确定"按钮确认将该页面删除，如图 4.8（右）所示。

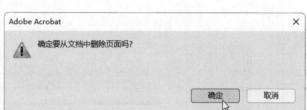

图 4.8

这样便从 Conference Guide_revised.pdf 文件中删除了这个页面。

❹ 关闭"组织页面"工具栏，返回主文档视图。

❺ 选择"文件">"保存"将所做的修改保存。

4.4 重编页码

并非每个文档页上的页码都与页面缩略图下方和工具栏中的页码相同。Acrobat 自动将阿拉伯数字作为页码，并将文档第一页的页码设置为 1，再依此类推。用户可修改 Acrobat 指定页码的方式。下面将封面的页码指定为罗马数字，让目录页的页码为 1。

❶ 在导览窗格中单击"页面缩略图"按钮，以显示文档中页面的缩略图，如图 4.9（左）所示。

❷ 单击第 1 页的缩略图以显示封面。

下面使用小写罗马数字给文档中的第 1 页（封面）重编页码。

❸ 单击"页面缩略图"面板顶部的选项菜单按钮，并选择"页面标签"，如图 4.9（右）所示。

❹ 打开"编排页码"对话框。在"页面"部分选择"从"，并确保它右边两个文本框中的值都为 1。在"编码"部分选择"开始新节"，在"样式"下拉列表中选择"i, ii, iii, ..."，并在"起始"文本框中输入 1，单击"确定"按钮，如图 4.10 所示。

❺ 选择"视图">"页面导览">"跳至页面"，打开"跳至页面"对话框，输入 1 并单击"确定"按钮，Acrobat 将显示 Table of Contents 页面，如图 4.11 所示。由于给封面重编了页码，现在数字 1 是文档中目录页的页码。

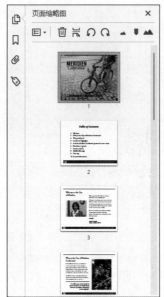

图 4.9

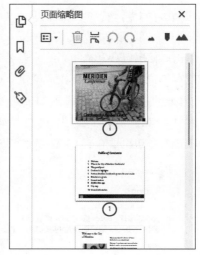

图 4.10

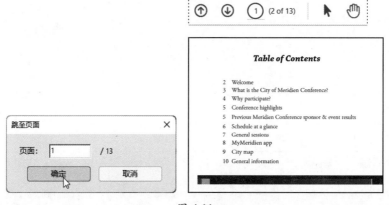

图 4.11

第 4 课　改善 PDF 文档　75

❻ 关闭"页面缩略图"面板。

❼ 选择"文件">"保存"将所做的修改保存。

> 提示 可使用页眉和页脚在 PDF 文档的页面中手动添加页码，为此可选择"编辑 PDF"工具，再选择"页眉和页脚">"添加"。

应用 Bates 编号（仅 Acrobat Pro）

Bates 编号是一种常用于法律、商务和医疗文档的索引方法，让用户能够将与特定案件或项目相关的页面按顺序编号，并指定起始编号。在 Acrobat Pro 中，可自动以页眉或页脚的方式将 Bates 编号应用于任何文档或 PDF 包中的文档（如果 PDF 包包含非 PDF 文档，Acrobat 将把它们转换为 PDF 文档，再添加 Bates 编号）。可添加自定义前缀和后缀，还可添加日期。可指定将编号添加到文档页面中文本的外面或图像区域中。

要应用 Bates 编号，可在"工具"窗格中单击"组织页面"，再选择"更多">"Bates 编号">"添加"，如图 4.12 所示。

在"Bates 编号"对话框中，添加要编号的文件，并按合适的顺序排列它们，如图 4.13 所示。单击"输出选项"按钮，给编号后的文件指定存储位置和名称。单击"确定"按钮关闭"输出选项"对话框，再在"Bates 编号"对话框中单击"确定"按钮，弹出"添加页眉和页脚"对话框（如图 4.14 所示），可在其中指定编号的样式和格式：6～15 位的数字以及前缀和后缀。

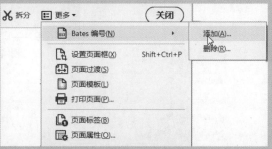

图 4.12

图 4.13

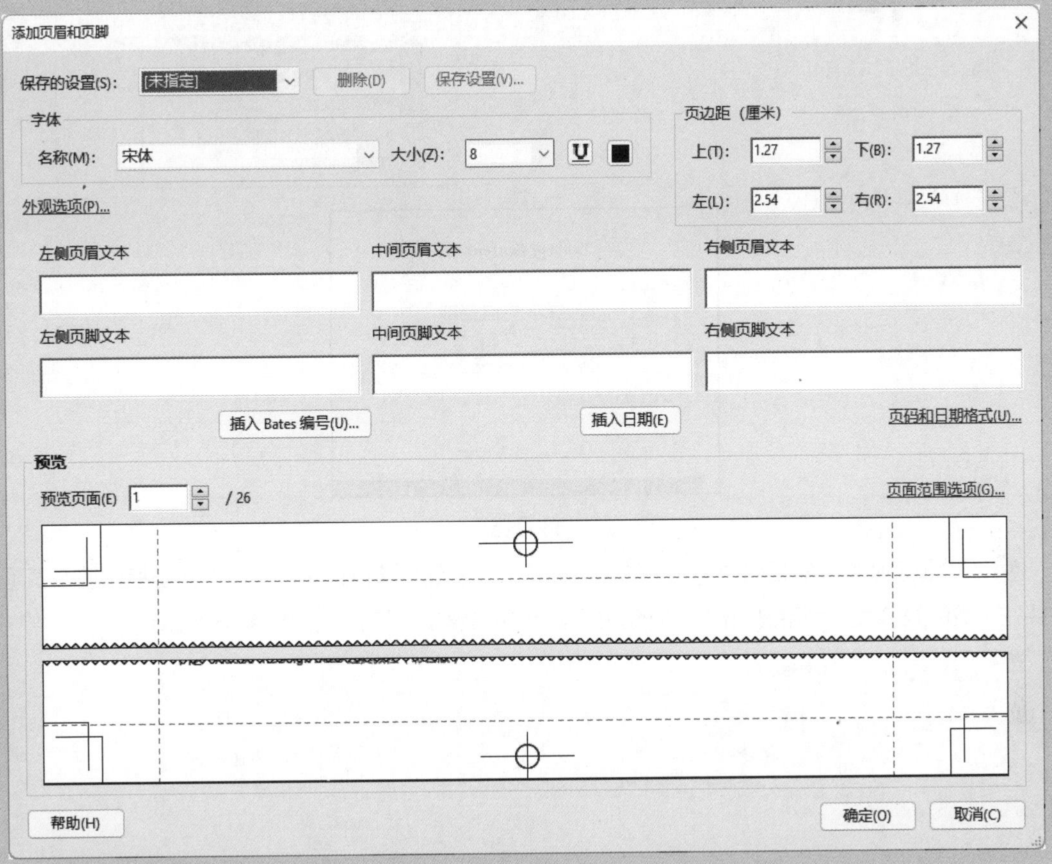

图 4.14

应用 Bates 编号后，不能对其进行编辑，但可将其删除并重新应用。

有关如何在 Acrobat 中应用 Bates 编号的更详细信息，请参阅 Acrobat 帮助文档。

4.5 管理链接

下面修复目录页中有问题的链接，并添加一个缺失的链接。

❶ 切换到第 1 页，即 Table of Contents 页面。

❷ 单击每个目录项，看看哪些链接存在问题。

> 提示 要快速返回上一个视图，可选择"视图">"页面导览">"上一视图"，也可按 Alt（Command）键 + 左箭头键。

到第 3 页的链接以及到第 5 页的链接指向了错误的页面，另外，最后一个目录项不是链接。下面先修复指向错误页面的链接。

❸ 在"工具"窗格中单击"编辑 PDF"，再选择"链接">"添加 / 编辑网络链接或文档链接"，如图 4.15（上）所示。Acrobat 将在页面上的链接周围显示轮廓。

❹ 双击原本要切换到第 3 页（页码为 3 的页面）的 What is the City of Meridien Conference? 链接，如图 4.15（下）所示。

第 4 课 改善 PDF 文档 77

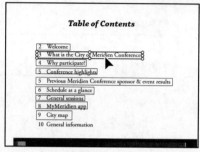

图 4.15

❺ 在"链接属性"对话框中单击"动作"标签,注意到与该链接关联的动作为切换到第 3 页(从开头往下数的第 3 页,而不是页码为 3 的页面)。单击"编辑"按钮,如图 4.16 所示。

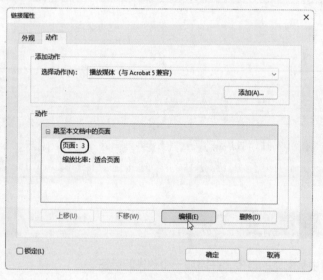

图 4.16

❻ 在"跳至本文档中的页面"对话框中,选择"使用页码"并在"页面"文本框中输入 3,再单击"确定"按钮,如图 4.17 所示。

现在列出的动作是跳至第 4 页。别忘了重编了页码,因此在这个 PDF 文件中,页码为 3 的页面实际上是第 4 页。

❼ 单击"确定"按钮,如图 4.18 所示。

❽ 在工具栏中单击选择工具,再单击 What is the City of Meridien Conference? 链接,现在切换到了正确

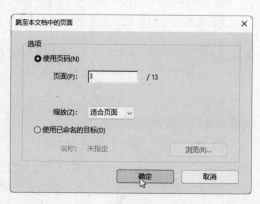

图 4.17

的页面，如图 4.19 所示。返回 Table of Contents 页面。

图 4.18

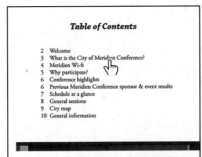

图 4.19

❾ 重复第 3 ~ 7 步，让 Previous Meridien Conference sponsor & event results 链接切换到页码为 5 的页面（即第 6 页），如图 4.20 所示。

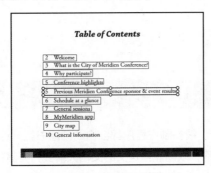

图 4.20

下面将最后一个目录项转换为链接。

❿ 跳至页码为 1 的页面，即 Table of Contents 页面。如果其中的目录项周围没有轮廓，则选择"链接">"添加/编辑网络链接或文档链接"，如图 4.21（左）所示。

⓫ 拖曳出一个链接框，使它环绕最后一个目录项——10 General information，如图 4.21（右）所示。

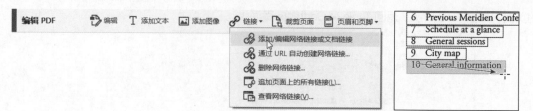

图 4.21

⑫ 在"创建链接"对话框中,在"链接类型"下拉列表中选择"不可见矩形",在"链接动作"部分选择"跳至页面视图",再单击"下一步"按钮,如图 4.22 所示。

弹出"创建跳至视图"对话框。在切换到要链接到的页面前,什么都不要做。

⑬ 切换到页码为 10 的页面,即 General Information 页面,再单击"设置链接"按钮,如图 4.23 所示,Acrobat 将返回目录页。

⑭ 单击选择工具,再单击刚创建的链接对其进行测试。

图 4.22

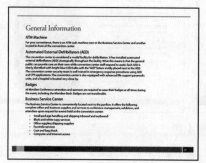

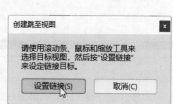

图 4.23

⑮ 关闭"编辑 PDF"工具栏。

⑯ 选择"文件">"保存"将所做的修改保存。

4.6 处理书签

书签就是在"书签"面板中由文本表示的链接。很多制作程序都会自动创建书签,这些书签链接到正文中的标题或图注。在 Acrobat 中也可添加书签,以创建自定义的文档大纲或打开其他文档。

另外,可像使用纸质书签一样使用电子标签——标记要强调或要返回的文档位置。

4.6.1 添加书签

下面给第 5 页的第二个主题(其标题为 Previous Meridien Conference Sponsor and Event Results)添加一个书签。

❶ 跳至第 5 页，以便看到前述主题。

❷ 打开"书签"面板，再单击书签 Conference highlights。新创建的书签将被添加到选定书签的下方。

❸ 单击"书签"面板顶部的"添加新书签"按钮（ ），如图 4.24 所示。

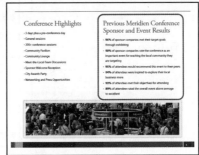

图 4.24

此时将出现一个名为"未标题"的书签，如图 4.25 所示。

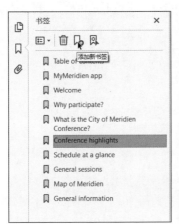

图 4.25

❹ 在新书签的文本框中输入 Previous conference results，再按 Enter 键让修改生效，如图 4.26 所示。

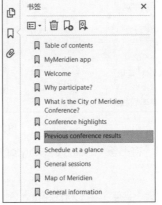

图 4.26

第 4 课　改善 PDF 文档　81

4.6.2 修改书签指向的目标

有几个书签链接的页面不正确，下面来修改这些书签。

❶ 在"书签"面板中单击书签 Why participate?，文档窗口显示的是 What is the City of Meridien Conference? 页面，如图 4.27 所示。

图 4.27

❷ 单击"显示下一页"按钮切换到文档的第 4 页（5/13），即要让前述书签链接到的页面。

❸ 在"书签"面板顶部的选项菜单（▤）中选择"设置书签目标"，再在确认消息对话框中单击"是"按钮更新书签目标，如图 4.28 所示。

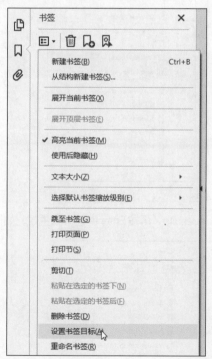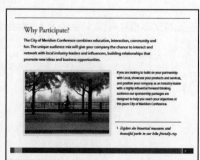

图 4.28

❹ 重复上述过程，将书签 What is the City of Meridien Conference? 的目标设置为第 3 页（4/13），如图 4.29 所示。

❺ 选择"文件">"保存"将 Conference Guide_revised.pdf 文件存盘。

 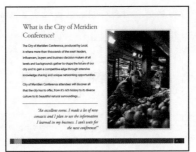

图 4.29

4.6.3 移动书签

创建书签后，可在"书签"面板中轻松地将其拖放到合适的位置。在"书签"面板中，可上下移动单个书签或一组书签，还可嵌套书签。

当前，至少有一个书签的位置不正确，下面来重新排列这些书签。

❶ 在"书签"面板中，将书签 MyMeridien app 拖放到书签 General sessions 的下方，如图 4.30 所示。

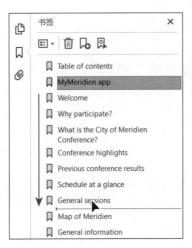 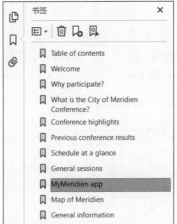

图 4.30

❷ 根据需要拖放其他书签，确保书签的排列顺序与目录项的排列顺序相同。

❸ 关闭"书签"面板，再选择"文件">"保存"将所做的修改存盘。

> ### 自动给书签命名
>
> 通过在文档窗口中选择文本，可在创建书签时自动命名并链接到当前页面视图。
>
> ❶ 切换到要链接到的页面，将缩放比例设置为合适的值。书签将继承当前的缩放比例。
>
> ❷ 按住鼠标左键并拖曳，选择要用作书签名的文本。
>
> ❸ 单击"书签"面板顶部的"添加新书签"按钮，书签列表中将出现一个新书签。它将把文档窗口中选定的文本用作名称，默认情况下，新书签将链接到当前在文档窗口中显示的页面视图，如图 4.31 所示。

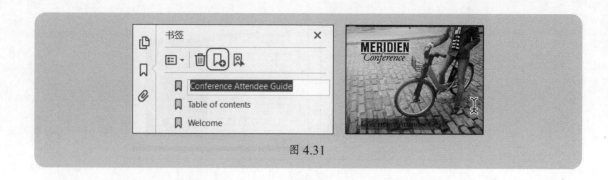

图 4.31

4.7 设置文档属性和元数据

这个会议指南就要制作好了。作为点睛之笔，下面来设置初始视图（它决定了文件刚打开时是什么样的）并添加一些元数据。

❶ 选择"文件">"属性"。

❷ 在"文档属性"对话框中单击"初始视图"标签。

❸ 在"导览标签"下拉列表中选择"书签面板和页面"。

这样当文件打开时，将同时显示页面和书签。

❹ 在"窗口选项"部分，在"显示"下拉列表中选择"文档标题"，如图 4.32 所示。

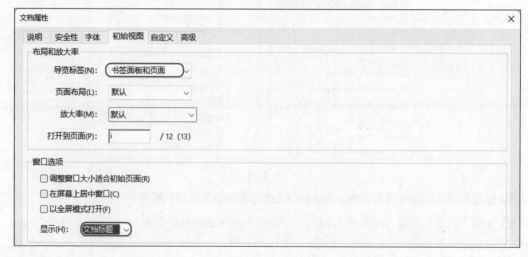

图 4.32

选择"文档标题"后，将在文档的标题栏中显示文档标题而不是文件名。

❺ 单击"说明"标签。

这个文档的创建者已经输入了一些元数据，其中包括一些关键字。元数据是有关文档本身的信息，可用来搜索文档。下面来添加一些关键字。

❻ 在"关键字"文本框中，在既有关键字后面输入；map; vendors，如图 4.33 所示。关键字必须用逗号或分号分隔。

❼ 在"文档属性"对话框中，单击"确定"按钮保存所做的修改，注意到现在显示的是文档标题，

而不是文件名,如图 4.34 所示。

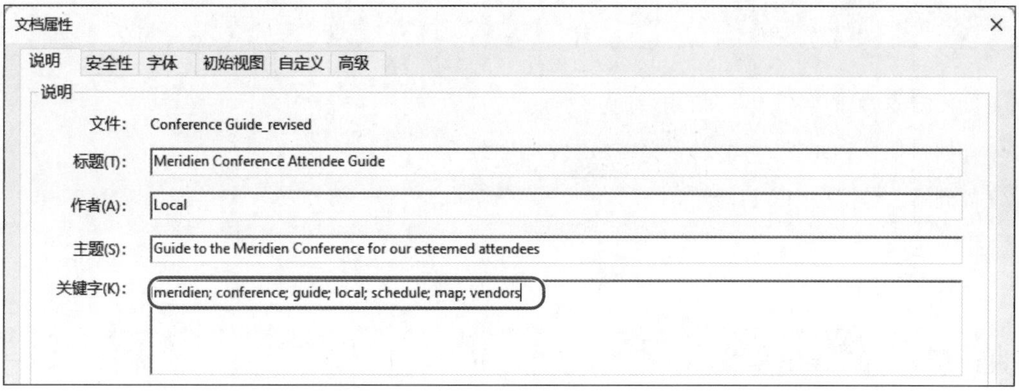

图 4.33

图 4.34

❽ 选择"文件">"保存"将所做的修改保存,再关闭所有打开的文件,并退出 Acrobat。

设置演示文稿

向他人演示时,通常要让文档占据整个屏幕,以隐藏可能分散注意力的元素,如菜单栏、工具栏和其他窗口控件。

要使 PDF 文件以全屏模式显示,可在"文档属性"对话框的"初始视图"选项卡中设置。在"首选项"对话框的"全屏"部分,可设置在页面之间切换时将播放的各种过渡效果,甚至可设置页面切换速度。还可将使用其他程序(如 PowerPoint)创建的演示文稿转换为 Adobe PDF,同时保留使用制作程序添加的众多特殊效果。有关这方面的详细信息,请参阅 Acrobat 帮助文档。

4.8 复习题

❶ 如何修改 PDF 文档中页面的排列顺序？
❷ 如何将整个 PDF 文件插入另一个 PDF 文件中？
❸ 如何修改链接指向的目标？
❹ 书签是什么？

4.9 复习题答案

❶ 要调整页面排列顺序，可在"页面缩略图"面板中将要移动的页面的缩略图拖放到合适的位置。

❷ 要将一个 PDF 文件中所有的页面都插入另一个 PDF 文件中特定页面的前面或后面，可选择"组织页面"工具，再选择"插入">"从文件"并选择要插入的文件，然后指定要将文档页面插入什么地方。

❸ 要修改链接指向的目标，可选择"编辑 PDF"工具，再选择"链接">"添加/编辑网络链接或文档链接"。接下来，双击不正确的链接，然后在"链接属性"对话框中单击"动作"标签，再单击"编辑"按钮，并在打开的"跳至本文档中的页面"对话框中输入正确的页码。最后，单击"确定"按钮关闭打开的每个对话框。

❹ 书签就是"书签"面板中由文本表示的链接。

第 5 课
编辑 PDF 文件的内容

本课概览

- 编辑 PDF 文档中的文本。
- 在 PDF 文件中添加文本。
- 在 PDF 文件中添加和替换图像。
- 编辑 PDF 文档中的图像。
- 复制 PDF 文档中的文本和图像。
- 将 PDF 内容导出为 Word、Excel 或 PowerPoint 格式。
- 学习如何将文本标记为密文。

学习本课大约需要 **60** 分钟

在 Acrobat 中,可轻松地编辑文本和其他 PDF 内容,还可通过复制或导出来重用文本、数据和图像。

5.1 编辑文本

在 Acrobat 中，可轻松地编辑 PDF 文档中的文本，只要安全设置允许这样做。无论是校正录入错误、添加标点符号还是调整段落的结构，Acrobat 都将重排文本。甚至可使用查找并替换功能来校正或更新 PDF 文件中单词或短语的多个实例。除修改内容外，还可编辑文本属性，如间距、字号和颜色。如果用户试图将文本的字体设置为系统中没有安装的字体，Acrobat 将要求指定替代字体，并会记住所做的替换。

> 提示 PDF 文档很容易修改。如果要禁止修改 PDF 文件，可应用安全设置。有关安全性方面的详细信息，请参阅第 9 课。

5.1.1 编辑单个文本块

下面先删除文档中多余的文本，再编辑一个段落，使其与其他项目符号的列表项一致。

❶ 启动 Acrobat，选择"文件">"打开"。切换到 Lesson05\Assets 文件夹，并双击 Globalcorp_facilities.pdf 文件。

Globalcorp_facilities.pdf 文件是一个 18 页的文档，描述了一家虚构公司的某个部门的职责。

❷ 跳至这个文档的第 3 页。

这个文档由多个部分组成，其中每个部分都有标题，如 Office Services，但只有第 3 页还有子标题（Things to consider）。下面将这个子标题删除，让第 3 页与其他部分一致。

❸ 在"工具"窗格中单击"编辑 PDF"。

> 注意 如果在当前设备上检测到触控屏幕，Acrobat 将自动启用触摸模式。

打开"编辑 PDF"工具时，默认选择了"编辑 PDF"工具栏中的"编辑"，因此在可编辑的文本块和图像周围出现了定界框。如果 Acrobat 处于触摸模式，定界框顶部还会有手柄。

❹ 单击 Things to consider 的定界框以选择它，再按 Delete 键将其删除（如果单击的是定界框内部，按 Delete 键将逐个删除字符，而不是整个定界框及其内容），如图 5.1 所示。

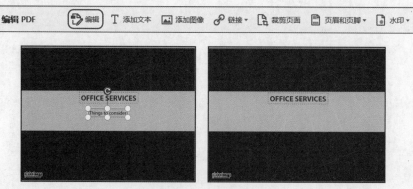

图 5.1

❺ 跳至第 11 页，其中包含与办公家具相关的项目符号列表项。

下面修改第二个项目符号列表项，使其以动词开头，从而与文档中其他的项目符号列表项保持一致。

❻ 选择 Purchases of new furniture need prior approval by。

❼ 输入 Obtain approval from。

❽ 在 Corporate 后面单击，将插入点定位到该位置，再输入 before purchasing furniture.。步骤 6 ~ 8 的具体操作如图 5.2 所示。

图 5.2

> 注意　如果无法选择 PDF 文件中的文本，可能是因为它是图像的一部分。要将图像文本转换为可编辑的文本，可使用"识别文本"。有关文本识别的详细信息，请参阅第 2 课。

当删除、替换或添加文本时，Acrobat 将重排文本所在的段落。

❾ 选择"文件">"另存为"，将这个文件重命名为 Globalcorp_facilities_edited.pdf，并保存到 Lesson05\Finished_Projects 文件夹。

5.1.2　修改项目符号列表和编号列表的属性

Acrobat 能够识别项目符号列表和编号列表，并提供了项目符号选项和编号选项。

❶ 在包含项目符号列表的文本块中单击，如图 5.3 所示。

❷ 在右边窗格的"创建编号列表"下拉列表中选择"⫶≡"，如图 5.4 所示。

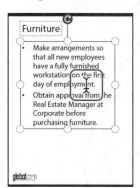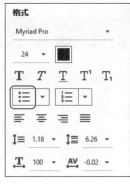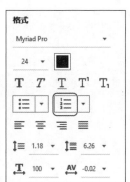

图 5.3　　　　　　　　　　　　　　　图 5.4

项目符号列表变成了数字列表，但这些列表项不应编号。

❸ 在右边窗格的"创建项目符号列表"下拉列表中选择对钩符号。

两个项目符号列表项前面都出现了对钩符号，如图 5.5 所示。

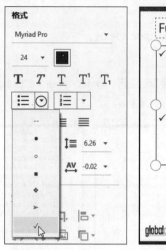

图 5.5

5.1.3 替换多个文本实例

Acrobat 提供了查找并替换功能，你可能在文字处理程序或排版程序中使用过类似的功能。下面使用这项功能将整个文档中的 Interface 都替换为 Communicate。

❶ 选择"编辑">"查找"。

❷ 在"查找"面板的"查找"文本框中输入 Interface，再单击"替换为"展开这个面板。

❸ 在"替换为"文本框中输入 Communicate。

❹ 在"查找"面板中单击"下一个"按钮，Acrobat 将高亮显示下一个 Interface，它位于第 10 页。

❺ 在"查找"面板中单击"替换"按钮对这个单词进行替换，如图 5.6 所示。

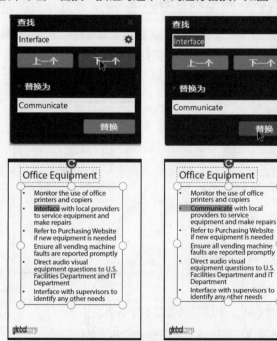

图 5.6

> 💡 提示　默认情况下，"查找"功能不区分大小写。

❻ 单击"下一个"按钮找到下一个单词 Interface，它也位于第 10 页。

❼ 单击"替换"按钮，再单击"下一个"按钮。Acrobat 没有找到更多的 Interface。

❽ 关闭"查找"面板。

5.1.4　修改文本属性

可在不离开 Acrobat 的情况下修改文本的字体、字号、对齐方式和其他属性。

❶ 跳至第 2 页，并选择单词 Agenda。

❷ 在右边窗格的"格式"部分单击色板并选择一种新颜色（这里选择的是洋红色）。如果你使用的是 macOS，请关闭"颜色"面板。

❸ 在依然选择了单词 Agenda 的情况下，单击"格式"部分的"粗体"图标，如图 5.7 所示。

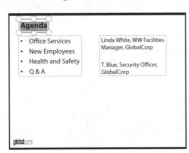
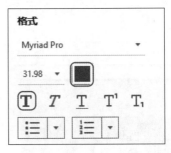

图 5.7

❹ 保存所做的修改。

5.1.5　添加文本

可添加全新的文本，包括新的项目符号列表项。下面在第 11 页添加一个项目符号列表项。

❶ 跳至第 11 页。

❷ 在第二个项目符号列表项的句点后面单击，将插入点定位到该位置，再按 Enter 键。

> 💡 提示　在选择了定界框的情况下，可调整列表项的大小，还可将它们移到页面中的其他任何位置。

Acrobat 将创建一个新的项目符号，同时缩进插入点，使其与之前的项目符号列表项对齐。

❸ 输入 Evaluate ergonomic needs and identify solutions.，如图 5.8 所示。

新添项目符号列表项的格式与前面的列表项相同。

❹ 跳至第 18 页。

下面在这个页面中添加文本。

❺ 选择包含 Thank you! 的定界框，并将其拖曳到蓝色水平条的顶部附近，如图 5.9 所示。

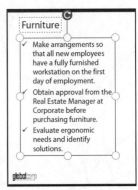

图 5.8

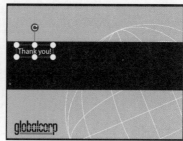

图 5.9

❻ 在"编辑 PDF"工具栏中单击"添加文本"。

❼ 在 Thank you! 中 T 的下方单击,将插入点定位在该位置,再输入 We look forward to working with you!。

新输入的文本将采用右边窗格中当前设置的格式,其外观与该页面中既有的文本一致。

❽ 选择刚才输入的文本,并将字体大小设置为 22。如果有必要,可以移动定界框进行调整,如图 5.10 所示。

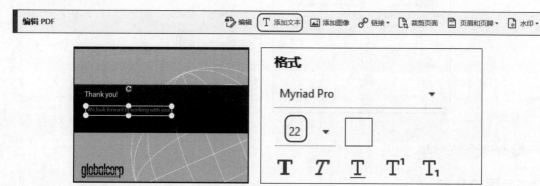

图 5.10

❾ 保存所做的修改。

将文本标记为密文(仅 Acrobat Pro)

法院公布包含机密信息的档案或公司需要生成可能包含机密信息的文档时,通常会将这些信息标记为密文,即将其隐藏起来。在 Acrobat Pro 中,可使用"标记密文"工具自动搜索并永久性删除机密信息。在工具中心中,"标记密文"工具位于"保护和标准化"类别中,如图 5.11 所示。

可搜索特定的内容,如姓名、电话号码或账号,还可搜索常见的模式。可像使用马克笔那样直接用颜色覆盖信息,也可添加覆盖文本(如图 5.12 所示),以指出适用法规及隐藏信息的其他原因。

图 5.11

有关如何使用"标记密文"工具的更详细信息,请参阅 Acrobat Pro 帮助文档。

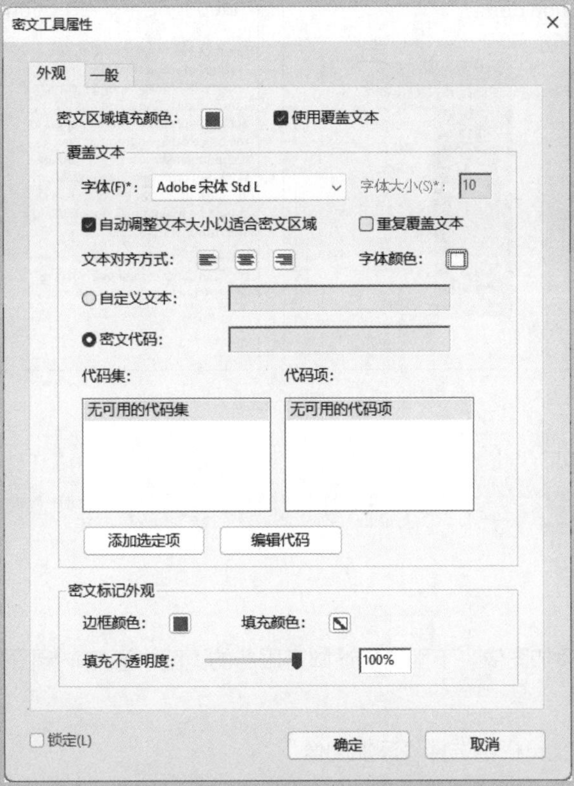

图 5.12

5.2 处理 PDF 文件中的图像

在 Acrobat 中,可对 PDF 文件中图像的位置和大小做简单修改,还可添加和替换图像。要对图像做大量修改,可在 Photoshop 等图像编辑软件中进行修改并保存,这样 Acrobat 将相应地更新 PDF 文件中的图像。

5.2.1 替换图像

在 Acrobat 中,替换 PDF 文件中的图像很容易。下面来替换第 4 页的图像。

❶ 在 Globalcorp_facilities_edited.pdf 文件中跳至第 4 页。

❷ 在"编辑 PDF"工具栏中选择"编辑"。

❸ 在小隔间图像上单击鼠标右键(Windows)或按住 Control 键并单击(macOS),再选择"替换图像",如图 5.13(左)所示。也可先选择这幅图像,再在右边的窗格中单击"对象"部分的"替换图像"图标( )。

❹ 在"打开"对话框中切换到 Lesson05\Assets 文件夹,选择 New_Reception.jpg 文件,并单击"打开"按钮。

Acrobat 将原来的图像替换成了选择的图像,如图 5.13(右)所示。

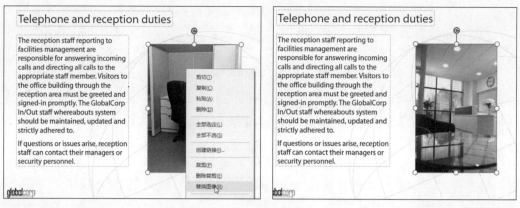

图 5.13

> **注意** 用于替换的图像的尺寸可能与原始图像不一样,所以将图像应用于 PDF 文档中之前,可能需要调整其尺寸和宽高比。

5.2.2 添加图像

还可在 PDF 文件中添加图像。下面在描述邮寄服务的页面中添加一幅图像。

❶ 跳至第 5 页。

❷ 在"编辑 PDF"工具栏中选择"添加图像"。

❸ 在"打开"对话框中切换到 Lesson05\Assets 文件夹,选择 Boxes.jpg 文件,并单击"打开"按钮。

鼠标指针旁将显示该图像的缩略图。

❹ 在第 5 页右边单击以添加该图像。其左上角将与单击的位置对齐,可将其拖曳到其他地方,如图 5.14 所示。

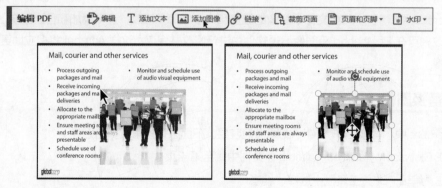

图 5.14

5.2.3 在 Acrobat 中编辑图像

Acrobat 并不是图像编辑应用程序,但可在 Acrobat 中对图像做简单修改,如旋转、翻转或裁剪等操作。

❶ 在第 5 页中选择刚才添加的图像。

❷ 在右边的窗格中单击"对象"部分的"裁剪"图标（ ），如图 5.15 所示。

图 5.15

❸ 向左上方拖曳图像右下角，将大部分地板区域和栏杆右边的部分裁剪掉，如图 5.16（左）所示。

❹ 向右下方拖曳图像左上角，将左边的人裁剪掉，让中间的那 3 个人成为焦点，如图 5.16（中）和（右）所示。如果愿意，也可调整裁剪框的上边缘以及左右边缘的位置。

❺ 再次单击"裁剪"图标以取消选择它。可拖曳图像以调整其在页面中的位置，还可拖曳图像 4 个角上的手柄，让图像更美观。

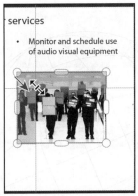

图 5.16

❻ 保存当前 PDF 文件。

5.2.4 在其他应用程序中编辑图像

如果要加亮或压暗图像、修改其分辨率、应用滤镜或对图像做其他重大修改，可在图像编辑程序中进行编辑。下面将修改第 5 页的背景图像。

❶ 在"编辑 PDF"工具栏中选择"编辑"。

❷ 选择第 5 页的背景图像，如图 5.17（左）所示。

❸ 在右边窗格的"对象"部分的"编辑工具"下拉列表中选择一种应用程序（要查看其他可以使用的应用程序，可选择"打开方式"）。

在这个下拉列表中，Acrobat 列出了系统中已安装的图像编辑应用程序，如 Adobe Photoshop 和 Microsoft Paint，如图 5.17（右）所示。能在多大程度上对图像进行编辑，取决于使用的应用程序。

❹ 对图像进行修改。例如，可绘制一个红色方框或添加其他简单的内容，还可根据文档的上下文对图像做合适的修改。然后根据使用的应用程序，保存或关闭图像。

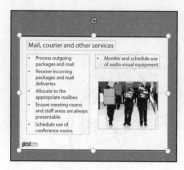

图 5.17

❺ 返回到 Acrobat。

所做的修改将在页面上反映出来（如图 5.18 所示），并随 PDF 文件一起保存，但原始图像不受影响。

❻ 关闭"编辑 PDF"工具栏，返回文档模式。

图 5.18

5.3 复制 PDF 文件中的文本和图像

即便不能访问 PDF 文档的源文件，也可在其他应用程序中重用 PDF 文档中的文本和图像。例如，如果想将 PDF 文档中的文本或图像添加到网页中，可以富文本格式（Rich Text Format，RTF）或具备辅助工具的文本格式复制文本，以便将其导入其他应用程序；对于图像，可将其保存为 JPEG、TIFF 或 PNG 格式。

> 提示　可修改安全设置，以禁止复制 PDF 文件中的文本或图像，详情请参阅第 9 课。

如果只想重用少量文本或一两幅图像，可使用选择工具将其复制到剪贴板或复制为某种图像格式（如果"复制""剪切""粘贴"命令不可用，可能是因为 PDF 文件的创建者设置了限制，禁止他人对文档内容进行编辑）。

下面从本课的文档中复制一些文本，以便在其他地方重用。

❶ 跳至第 17 页。

❷ 单击工具栏中的选择工具。

❸ 将鼠标指针移到该页面中的文本上，注意到在文本选择模式下，鼠标指针变成了竖线。

❹ 拖曳以选择该页面中所有的文本。

❺ 在文本上单击鼠标右键或按住 Control 键并单击，选择"复制时包含格式"以保留格式，如图 5.19 所示。

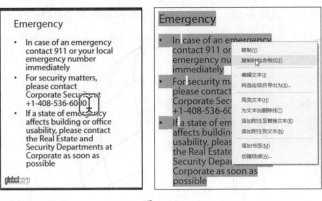

图 5.19

> **注意** 请确保未选择"编辑 PDF"工具。如果选择了"编辑 PDF"工具,像上面这样做时在上下文菜单中看到的选项将不同。

❻ 将 Acrobat 窗口最小化,在文本编辑器或 Microsoft Word 中新建一个文件或打开一个既有文件,再选择"编辑">"粘贴",结果如图 5.20 所示。

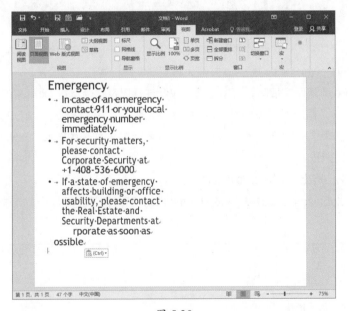

图 5.20

文本被复制到其他应用程序的文档中。Acrobat 力图保留 PDF 文件中的大部分格式设置,但正如你在这里看到的,在大多数情况下,都至少需要做些编辑和格式设置工作。如果 PDF 文档中文本使用的字体在当前系统中未安装,Acrobat 将替换字体。

> **提示** 也可使用快照功能复制页面中的部分或全部文本和图像,为此可选择"编辑">"更多">"拍快照",选择要复制的区域,单击"确定"按钮关闭出现的消息框,再在另一个应用程序中粘贴复制的内容。这种复制生成的是位图图像,因此复制的文本是不可编辑的。

可分别保存各个图像,以便在其他应用程序中使用。

❼ 跳至第 4 页,并选择其中的图像。

❽ 在这幅图像上单击鼠标右键（Windows）或按住 Control 键并单击（macOS），再选择"另存图像为"，如图 5.21 所示。

❾ 在"另存图像为"对话框中，切换到 Lesson05\Finished_Projects 文件夹，将图像命名为 Reception Copy，在"保存类型"（Windows）或"格式"（macOS）下拉列表中选择"JPEG 图像文件"，再单击"保存"按钮。

❿ 关闭在其他应用程序中打开的文件，但不要关闭在 Acrobat 中打开的 Globalcorp_facilities_edited.pdf 文件。

图 5.21

前面从 PDF 文档中复制了文本，还保存了图像以便在其他地方重用。还可同时选择图像和文本，将它们复制到另一个应用程序中。

5.4 将 PDF 内容导出为 PowerPoint 演示文稿

在 Acrobat 中，可将 PDF 文件导出为 Microsoft PowerPoint 演示文稿：PDF 文档中的每个页面都将成为可完全编辑的 PowerPoint 幻灯片，并最大限度地保留格式和布局设置。

导出为 PowerPoint 演示文稿时，可指定是否包含注释以及是否运行 OCR 来识别文本。要修改设置，可选择"编辑">"首选项"（Windows）或"Acrobat">"首选项"（macOS），在"首选项"对话框左边的列表中选择"从 PDF 转换"，再在"从 PDF 转换"列表中选择"PowerPoint 演示文档"，并单击"编辑设置"按钮。

下面将本课的文档导出为 PowerPoint 演示文稿。

❶ 在打开了 Globalcorp_facilities_edited.pdf 的情况下，打开工具中心并单击"导出 PDF"，如图 5.22 所示。

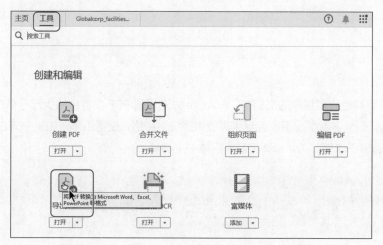

图 5.22

❷ 选择 Microsoft PowerPoint，再单击"导出"按钮，如图 5.23 所示。

图 5.23

> **提示** 如果订阅了 Acrobat 或 Creative Cloud,可在平板电脑或手机上使用 Acrobat 将 PDF 文件导出为 Word、PowerPoint、Excel 格式,有关这方面的详细信息,请参阅第 6 课。

❸ 在"另存为"对话框中选择 Lesson05\Finished_Projects 文件夹。

❹ 在"另存为"对话框中单击"保存"按钮。

❺ 如果安装了 PowerPoint,将在其中打开这个演示文稿,如图 5.24 所示。在 macOS 中,如果没有安装 PowerPoint,可使用 Preview 或 Keynote 应用程序来查看演示文稿。

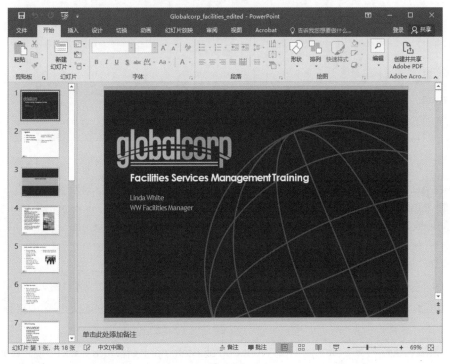

图 5.24

可以看到,有些文本和图像的位置发生了变化。将 PDF 文件导出为 PowerPoint 演示文稿时,务必在 PowerPoint 中仔细查看每张幻灯片，并做必要的调整。

❻ 关闭 Globalcorp_facilities_edited.pdf 文件、PowerPoint 和其他打开的应用程序，但不要关闭 Acrobat。

5.5　将 PDF 文件保存为 Word 文档

无论 PDF 文件最初是在哪种应用程序中创建的，都可将其保存为 Word 文档（DOCX 或 DOC 格式）。下面将一家虚构公司的工作说明书保存为 Word 文档。

❶ 在 Acrobat 中选择"文件">"打开"，切换到 Lesson05\Assets 文件夹，选择 Statement_of_Work.pdf 文件，并单击"打开"按钮。

❷ 选择"文件">"导出到">"Microsoft Word">"Word 文档"（如果使用的是 Word 2003 或更早的版本，请选择"Word 97-2003 文档"，这将导出 DOC 格式的文件）。

❸ 在"另存为"对话框中，将保存位置改为 Lesson05\Finished_Projects 文件夹，再单击"设置"按钮。

❹ 在"另存为 DOCX 设置"或"另存为 DOC 设置"对话框中，选择"保留页面布局"，确保选择了所有的复选框，再单击"确定"按钮，如图 5.25 所示。

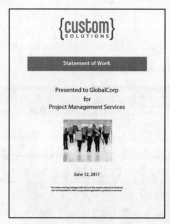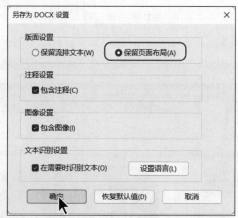

图 5.25

> 💡 提示　在 Acrobat 中，可将 PDF 文件保存为 PowerPoint 演示文稿、Word 文档或 Excel 电子表格，为此可在"导出 PDF"工具中选择合适的选项、选择"文件">"导出到">"[合适的格式]"或在"另存为"对话框的"保存类型"或"格式"下拉列表中选择合适的格式。

❺ 单击"保存"按钮保存文件。

Acrobat 将显示转换状态。将复杂的 PDF 文档转换为 Word 格式可能需要较长的时间。如果在"另存为"对话框中选择了"查看结果"复选框，将自动在 Word 或类似的应用程序中打开转换得到的文档。

❻ 如果没有自动打开 Statement_of_Work.doc 或 Statement_of_Work.docx，请在 Word 中打开它，如图 5.26 所示。在 macOS 中，可使用 Preview、Pages 或其他应用程序来打开 DOC 或 DOCX 文件。

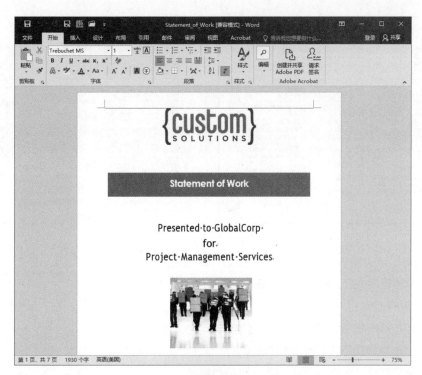

图 5.26

❼ 切换到 Word 文档页面，确认文本和图像都得到了妥善的保存。

在大多数情况下，Acr00obat 将 PDF 文件保存为 Word 文档时，都能很好地保留格式和布局设置。然而，根据文档创建的方式，可能需要调整间距或做些细微的校正。在 Acrobat 中将 PDF 文档保存为 Word 格式后，务必在 Word 中仔细查看文档内容。

❽ 在 Acrobat 中关闭打开的 PDF 文件，再退出 Word 和其他应用程序。

5.6 将 PDF 表格提取为 Excel 电子表格

可将整个 PDF 文件或选定的表格导出为 Excel 电子表格。下面将一个 PDF 文档中的餐馆列表导出为 Excel 文件。

❶ 在 Acrobat 中选择"文件">"打开"，切换到 Lesson05\Assets 文件夹，选择 Venues.pdf 文件，并单击"打开"按钮。

这个 PDF 文档包含一个表格，其中列出了虚构城市 Meridien 的餐馆。下面将这个表格导出为 Excel 文件。

❷ 按住鼠标左键，从表格的左上角拖曳到右下角，以选择整个表格，如图 5.27（左）所示。

❸ 在选定的表格上单击鼠标右键或按住 Control 键并单击，再选择"将选定项目导出为"，如图 5.27（右）所示。

❹ 在"另存为"对话框的"保存类型"或"格式"下拉列表中选择"Excel 工作簿"，将文件命名为 Venues.xlsx，将保存位置指定为 Lesson05\Finished_Projects 文件夹，再单击"保存"按钮。

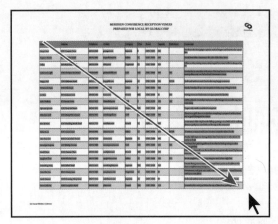 

图 5.27

Acrobat 将显示转换进度。如果在"另存为"对话框中选择了"查看结果"复选框,将自动在 Excel 或其他应用程序中打开导出的电子表格。

❺ 如果没有自动打开 Venues.xlsx 文件,请打开它,如图 5.28 所示。在 macOS 中,可使用 Preview 或其他能够打开 Excel 文档的应用程序打开这个文件。

Acrobat 妥善地转换了这个表格中的字段。

❻ 关闭所有打开的文档、Acrobat 和其他应用程序。

图 5.28

5.7 复习题

① 如何编辑 PDF 文件中的文本？
② 如何禁止他人编辑或重用 PDF 文件的内容？
③ 在 Acrobat 中，可对图像做哪些类型的编辑？
④ 如何将 PDF 文件导出为 Microsoft Word、Microsoft Excel 或 Microsoft PowerPoint 格式？
⑤ 如何复制 PDF 文件中的文本？

5.8 复习题答案

① 要编辑 PDF 文件中的文本，可在"工具"窗格中选择"编辑 PDF"，确保在"编辑 PDF"工具栏中选择了"编辑"，再进行编辑。修改时，Acrobat 将重排文本。
② 要禁止他人编辑或重用 PDF 文件的内容，可对文档应用安全设置。
③ 在 Acrobat 中，可旋转、翻转和裁剪图像，还可调整图像大小及替换图像。
④ 要将 PDF 文件导出为 Word、Excel 或 PowerPoint 格式，可采取下述方法之一。
- 在"导出 PDF"工具中选择相应的选项。
- 选择"文件" > "导出到" > "[相应的格式]"。
- 在"另存为"对话框中的"保存类型"或"格式"下拉列表中选择合适的格式。

⑤ 如果只是复制几个单词或句子，可选择要复制的文本，单击鼠标右键或按住 Control 键并单击，再选择"复制时包含格式"，以保留格式。

第 6 课
在移动设备中使用 Acrobat

本课概览

- 学习如何访问并下载移动端 Acrobat。
- 在移动端 Acrobat Reader 中注释 PDF 文档。
- 处理 Adobe 云存储中的文件。
- 在移动端 Acrobat Reader 中编辑文件。
- 在移动设备上使用 Adobe Fill & Sign 填写表单。
- 使用移动端 Adobe Scan 扫描文档。

学习本课大约需要 45 分钟

Celebrate the harvest!

People Feeding People produced a bumper crop this year — and not just vegetables. We fed more hungry families, educated more youth about nutrition, trained more gardeners, and hosted more community dinners than ever before.

And it's all because of supporters like you.

Join us to celebrate all that we've accomplished and to look forward to the year ahead.

People Feeding People's
Annual Harvest Celebration
Saturday, October 19
Little Red Schoolhouse
1414 Main Street

Acrobat 桌面版提供了各种处理 PDF 文件的工具,其中的很多工具在 Acrobat 在线版和移动端应用中也有,这让用户能够随时随地处理 PDF 文件。

6.1 移动端 Acrobat

移动端 Acrobat 让用户能够在任何地方处理 PDF 文件。Acrobat 桌面版提供了各种 PDF 文件处理功能，其中很多在 Acrobat 在线版及移动端 Acrobat Reader、Adobe Fill & Sign 和 Adobe Sign 中也有，而移动端 Adobe Scan 让用户能够使用移动设备的相机扫描文档。

在 iOS 和 Android 系统中，这些应用的界面存在细微的差别。

- Acrobat 在线版：可在任何计算机或其他设备上使用 Acrobat 在线版来处理文档，但该设备要能够上网。要使用 Acrobat 在线版，可访问 acrobat.adobe.com，并用 Adobe ID 登录。
- 移动端 Acrobat Reader：这个免费的应用让用户能够在移动设备上查看、组织、导出、打印和注释 PDF 文件；如果订阅了 Acrobat，还可使用这个应用来编辑 PDF 文件。
- 移动端 Adobe Fill & Sign：在移动设备上，可使用 Adobe Fill & Sign，其用法类似于 Acrobat 桌面版中的"填写和签名"工具，即打开或拍摄表单，填写表单并签名，再提交。
- 移动端 Adobe Sign：这个应用简单易用但功能强大，让用户能够将文档发送给他人进行电子签名，以及进行自行签名和文档跟踪。它还可用来准备表单，让人现场签名。
- 移动端 Adobe Scan：它将手机或平板电脑用作扫描仪，迅速将纸质文档转换为 PDF 文件。可在 Adobe Scan 中进行裁剪或旋转，也可在 Acrobat Reader 或 Acrobat 中对扫描得到的 PDF 文件做其他修改。

上述应用都可从苹果应用商店（iOS）中下载，且都是免费的。为使用 Acrobat 或 Creative Cloud 订阅提供的功能，请用 Adobe ID 登录。

6.2 将文档上传到 Adobe 云存储

本课将在 Acrobat 移动端应用和在线版中处理 PDF 文档。为此，首先需要将文档上传到 Adobe 云存储，以便在移动端应用中使用。

❶ 在移动设备上，下载并安装图 6.1 所示的 Acrobat Reader、Adobe Fill & Sign 和 Adobe Scan 应用。可在应用商店下载。

❷ 在 Acrobat 桌面版中选择"文件">"打开"，并切换到 Lesson06\Assets 文件夹。

❸ 按住 Shift 键并单击 Postcard.pdf 和 Tickets.pdf 以同时选择它们，再单击"打开"按钮。

❹ 单击 Postcard.pdf 标签，选择"文件">"另存为"，并切换到 Lesson06\ Finished_Projects 文件夹。将文件命名为 Postcard_final.pdf，再单击"保存"按钮。

❺ 单击工具栏中的保存到 Adobe 云存储按钮，如图 6.2 所示。

图 6.1

图 6.2

❻ 单击 Tickets.pdf 标签，让这个 PDF 文件成为当前文档。

❼ 选择"文件">"另存为"，切换到 Lesson06\ Finished_Projects 文件夹，将文件命名为 Tickets_final.pdf，再单击"保存"按钮。

❽ 单击工具栏中的保存到 Adobe 云存储按钮。

现在这两个 PDF 文档都保存到了 Adobe 云存储，可在任何设备上使用 Acrobat 在线版或移动端应用来打开并处理它们，且不影响文件夹 Lesson06\Assets 中的原始版本。

6.3 使用移动端 Acrobat Reader

本节将在移动端 Acrobat Reader 中查看 PDF 文件 Postcard_final，并对其进行注释以及一些简单的编辑操作。对这个 PDF 文件所做的修改将保存到位于 Adobe 云存储的版本中，而这个版本是可通过移动端应用、Acrobat 在线版和 Acrobat 桌面版访问的。

在手机和平板电脑中，可使用 Acrobat Reader 查看、注释、共享和打印 PDF 文件，还可旋转和删除文档中的页面（使用"组织页面"工具）、将多个文档合并为单个 PDF 文档（使用"合并文件"工具）以及将其他类型的文档转换为 PDF 文档（使用"创建 PDF"工具）。

6.3.1 在移动端 Acrobat Reader 中打开 PDF 文件

使用移动端 Acrobat Reader 可打开存储在以下地方的 PDF 文件：手机或平板电脑、Adobe 云存储、Dropbox、Google Drive 等网盘。下面打开前面存储到 Adobe 云存储中的 PDF 文件 Postcard_final。

❶ 在移动设备上打开 Acrobat Reader。相比于手机，平板电脑上的 Acrobat Reader 中可使用的功能要多些。

❷ 如果要求登录，用 Adobe ID 登录。如果当前显示的不是"主页"视图，点击"主页"。

进入"主页"视图，其中列出了最近使用过的文件，包括最近处理过或保存到云存储中的文件，如图 6.3 所示。

❸ 点击屏幕底部的"文件"，以查看其他文档。然后点击"Adobe 云存储"。

❹ 在 Adobe 云存储的文档列表中选择 Postcard_final，如图 6.4 所示。

图 6.3

图 6.4

Acrobat Reader 将显示该文档包含的两个页面。

❺ 点击屏幕顶部的"查看设置"按钮，再选择"单页"（iOS）或"逐页"（Android），如图 6.5 所示。

图 6.5

屏幕中将只显示一个页面。

❻ 在 PDF 文档中点击，将界面元素隐藏。

❼ 左滑以显示第 2 页，如图 6.6 所示。

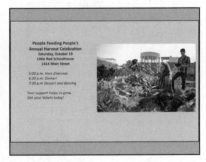

图 6.6

❽ 在 PDF 文档中点击，重新显示界面元素。然后点击"查看设置"按钮，再选择"连续"（iOS）或"连续页面"（Android）。

下面要注释这个文件，在"连续页面"视图下，高亮标注或选择文本将更容易。

6.3.2 在移动端 Acrobat Reader 中注释 PDF 文件

在移动端 Acrobat Reader 中可注释 PDF 文档，下面就来给这张明信片添加注释。对文档所做的修改将立即保存到云存储中。

❶ 点击右下角的"编辑"按钮，并选择"注释"，如图 6.7 所示。

❷ 点击"附注"工具，再在第 2 页的文本末尾附近点击，并输入 Where can they get fix?，如图 6.8

所示。点击"发布"按钮让附注生效。

❸ 如果出现提示，输入你的姓名（用于标识注释），再点击"保存"按钮。

❹ 点击"高光"工具，再在文档中按住并拖曳，以高亮标注一些文本，如图 6.9 所示。

 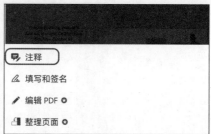

图 6.7

图 6.8　　　　　　　　　　　　　　图 6.9

可添加附注、高亮标注文本、给文本添加删除线或下画线以及在页面上绘画。要给附注添加注释，可点击附注，并输入注释。

点击工具栏右端的"注释列表"按钮（ ），以显示文档中所有的注释；也可点击一个注释以显示其内容，再点击"注释列表"按钮以显示所有的注释，如图 6.10 所示。

❺ 点击屏幕顶部的"撤销"按钮（ ）以撤销高亮标注。如果"撤销"按钮不可用，可点击高亮的内容，再点击"删除"按钮。

❻ 点击"完成"按钮（iOS）或 按钮（Android）或左上角的后退按钮，让注释生效并退出注释模式。Acrobat Reader 将把所做的修改保存到云存储中。

图 6.10

6.3.3 在移动端 Acrobat Reader 中编辑 PDF 文件

在移动端 Acrobat Reader 中可对 PDF 文件进行简单的编辑。下面来校正这张明信片中的一个拼写错误，并调整一幅图像的大小和位置。

❶ 点击右下角的"编辑"按钮，并选择"编辑 PDF"。

❷ 切换到第 2 页，并点击其中的文本。如果使用的是手机，则点击"编辑文本"。

❸ 通过点击将插入点定位在文本 Hors d'oervres 的 v 前面（这里存在拼写错误）。点击删除键将字母 r 删除，再输入 u，如图 6.11 所示。如果使用的是手机，在修改完毕后点击"保存"（Android）或"完成"（iOS）按钮。

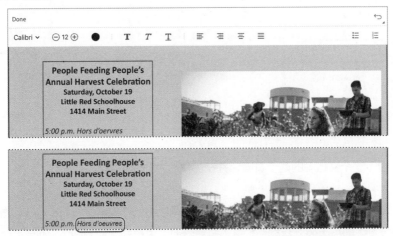

图 6.11

第 6 课　在移动设备中使用 Acrobat

❹ 按住照片的定界框，以选择并高亮显示它，再稍微向上拖曳，以调整照片的位置。向左下方拖曳左下角的手柄，以放大照片。

❺ 对结果满意后，点击屏幕顶部的"完成"按钮或 ✓ 按钮退出编辑模式。Acrobat 将把所做的修改保存到云存储中。

❻ 点击屏幕顶部的后退按钮返回"主页"视图。

6.4 使用 Acrobat 在线版

与 Acrobat 桌面版和移动端 Acrobat Reader 一样，Acrobat 在线版也包含"主页"视图，而且还有快速工具栏，让用户能够快速完成任务。

可在计算机或其他设备上使用 Acrobat 在线版，它提供了移动端 Acrobat Reader 没有的一些功能，如发送文档以供审阅。下面使用 Acrobat 在线版共享 PDF 文件 Postcard_final.pdf。

❶ 在计算机或其他设备上打开浏览器，再在浏览器地址栏中输入网址 acrobat.adobe.com。

❷ 如果要求登录，就用 Adobe ID 登录。

Acrobat 将显示"主页"视图。

❸ 在"最近的文件"列表中，单击 Postcard_final.pdf 文件以打开它，如图 6.12 所示。

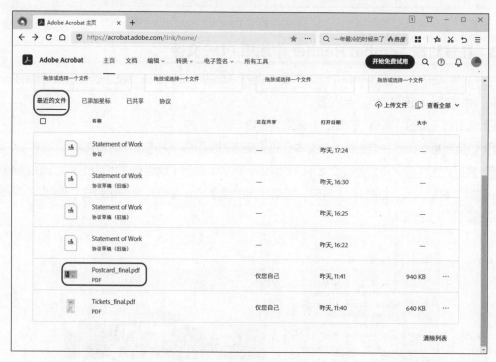

图 6.12

Acrobat 将显示这个文档中的两个页面，并在工具栏中显示"编辑"工具、"转换"工具和"电子签名"工具。

❹ 如果屏幕左边没有显示"工具"面板，单击工具栏中的"探索"按钮（ ⊙ ）以显示它。

❺ 单击"工具"面板中的"共享"工具（可能需要向下滚动才能看到），如图 6.13 所示。

图 6.13

❻ 在"共享文档"对话框中输入审阅者的电子邮箱地址(可输入自己的电子邮箱地址,也可输入同事的)。如果愿意,还可输入自定义的邮件内容。确保启用了"允许添加注释"。还可以单击"添加截止日期"以指定提交注释的最晚时间。然后单击"邀请"按钮,如图 6.14 所示。

图 6.14

Acrobat 将发送这个 PDF 文档给审阅者进行审阅,并报告其状态。

Acrobat 将显示这个 PDF 文件处于"审阅"模式,并在页面旁边显示既有的注释,如图 6.15 所示。

❼ 单击"主页"按钮( )返回"主页"视图。在文档列表中,Postcard_final.pdf 的状态为"已共享"。如果设置了截止日期,它将出现在文件名下方,如图 6.16 所示。

第 10 课将更详细地介绍注释和共享审阅的过程。

❽ 在"主页"视图中选择 Tickets_final.pdf 文件,再单击快速工具栏中的"添加签名"工具,如

图 6.17 所示。

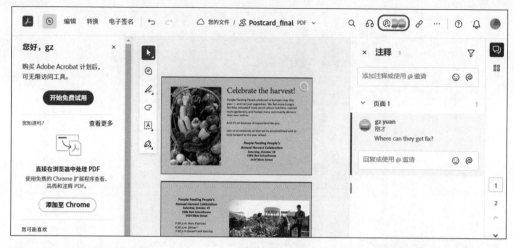

图 6.15

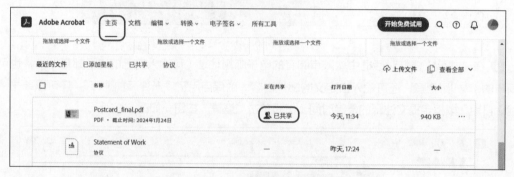

图 6.16

图 6.17

在 Acrobat 在线版中也可签署文档，但这里不这样做，而在本课后面使用移动端 Adobe Fill & Sign 来签名，以便创建配置文件。

❾ 单击"主页"按钮返回"主页"视图。

6.5 使用移动端 Fill & Sign

移动端 Adobe Fill & Sign 类似于桌面应用程序 Acrobat 和 Acrobat Reader 中的"填写和签名"工具。它让用户能够随时随地地填写表单。Adobe Fill & Sign 还允许用户创建配置文件,用于快速填写标准表单域。本节将使用移动端 Adobe Fill & Sign 来填写一个订票表单。根据你使用的设备,具体步骤可能与这里介绍的稍有不同。

❶ 在移动设备上打开 Adobe Fill & Sign,如果没有登录,就用 Adobe ID 登录。

这个移动端应用将显示你在 Acrobat 在线版或当前设备上最近访问过的表单:只显示在它看来是表单的 PDF 文件。

❷ 点击"配置文件"按钮(👤),如图 6.18 所示。

图 6.18

❸ 输入全名、名字、姓氏以及想用来快速填写其他表单域的信息。

配置文件包含标准身份信息和联系信息,但还可添加经常会遇到的自定义表单域。

❹ 点击屏幕顶部的"设置"图标(有些设备上显示为菜单图标),并选择"设置"。

在"设置"面板中可选择是否在线存储配置文件,以便在其他计算机和移动设备中使用。

❺ 在 iOS 中,点击"完成"按钮,再点击"关闭"按钮或屏幕的其他任何位置,以关闭"配置文件"面板。在 Android 设备中,点击后退按钮关闭"设置"面板。

❻ 点击 PDF 文件 Tickets_final.pdf 将其打开。

> 💡 注意　如果没有看到 PDF 文件 Tickets_final.pdf,请通过电子邮件将其发送给自己,再在移动设备上打开它。

❼ 点击表单域 Name 的开头,将插入点定位在这里,再点击"配置文件"按钮,并选择"全名",将全名输入这个表单域中,如图 6.19 所示。

❽ 点击 Adults 的左边,将插入点定位在这里,再输入数字 2。要缩小文本,可点击较小的大写字母 A;要放大文本,可点击较大的大写字母 A,如图 6.20 所示。

❾ 点击包含单词 Will Call 的句子左边的复选框,再点击对钩符号(也可点击浮动工具栏中的菜单按钮(⋮),再点击对钩符号),如图 6.21 所示。

❿ 点击表单域 Signature,再点击"签名"按钮,如图 6.22 所示。点击"创建签名",再创建一个签名,并点击"完成"按钮(如果显示了保存的签名,直接点击它即可),如图 6.23 所示。可能需要调整签名的位置。

图 6.19

图 6.20

图 6.21

图 6.22

可将签名保存到配置文件中，以便在其他 Adobe 移动端应用中使用。

⓫ 点击"共享"按钮，再点击你的电子邮箱程序，以便通过电子邮件发送填写好的表单。可登录电子邮箱账户，并手动发送这个表单，也可点击后退按钮返回 Adobe Fill & Sign。

⓬ 点击"完成"按钮或后退按钮返回移动端 Adobe Fill & Sign 的"主页"视图。

实际订票时，必须填写整个表单，再通过电子邮件提交表单，或将其保存到 Adobe 云存储，再将其上传到指定网站。

图 6.23

6.6 使用移动端 Adobe Scan

移动端 Adobe Scan 能够将手机或平板电脑的摄像头用作扫描仪。扫描文档后，可使用 Acrobat 来识别文本、共享文档、将文档转换为表单以及像处理其他 PDF 文件那样处理它。

可直接打开 Adobe Scan，也可在移动端 Acrobat Reader 中打开它，为此可打开工具菜单并选择"新建扫描文档"。这个应用的界面随设备而异，因此这里介绍的可能与你实际看到的稍有不同。

❶ 在移动设备上打开 Adobe Scan。

❷ 点击左上角的"配置文件"按钮，如图 6.24 所示，打开"设置"面板。

❸ 点击"首选项"，并确保启用了"对保存的 PDF 运行文本识别"（如果要将基于文本的文档扫描为可编辑的 PDF 文档），如图 6.25 所示。如果要将扫描件保存到图库，请点击"将原始图像保存到库中"。

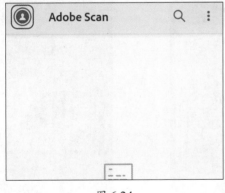

图 6.24

图 6.25

❹ 如果有必要，可点击"返回"按钮，再点击"完成"按钮或关闭"设置"面板，以返回"主页"视图。

❺ 点击右下角的"相机"按钮以激活相机，如图 6.26 所示。出现提示时，授予该应用使用相机的权限。

❻ 点击"捕获"按钮旁边的"自动捕获"按钮，禁用它，如图 6.27 所示。

启用"自动捕获"时，Adobe Scan 将自动识别文档并拍照；禁用"自动捕获"时，需要点击"捕获"按钮来拍照。

图 6.26　　　　　　　　　　　　　图 6.27

❼ 将移动设备置于纸质文档上方，调整好位置后点击"捕获"按钮。

❽ 点击右下角的扫描结果缩略图，如图 6.28 所示，以查看扫描结果。如果看到"快速动作"选项，点击"继续"按钮。

❾ 点击底部工具栏中的"裁剪"按钮，以调整裁剪边框，如图 6.29 所示。调整好裁剪边框后，点击对钩符号或"裁剪"按钮（根据设置，也可能在扫描后就能够立即调整裁剪边框）。

❿ 如果有必要，点击"旋转"按钮，将扫描得到的图像沿顺时针方向旋转 90 度，如图 6.30 所示。

图 6.28　　　　　　　图 6.29　　　　　　　图 6.30

⓫ 点击"滤镜"按钮以修改图像的颜色和氛围。

⓬ 对结果满意后，点击"保存 PDF"按钮，将扫描件保存到 Adobe 云存储。

6.7 复习题

① 移动端 Acrobat Reader 提供了哪些注释工具？

② 如何使用 Acrobat 在线版？

③ 在移动端 Adobe Fill & Sign 中，为何要保存配置文件？

6.8 复习题答案

① 移动端 Acrobat Reader 提供了附注工具、高光工具、删除线工具、下画线工具、添加文本工具、绘图工具等用于注释 PDF 文档的工具。

② 可在任何计算机或其他设备中使用 Acrobat 在线版来查看和处理 PDF 文档。在移动端 Acrobat Reader 中修改 PDF 文档时，所做的修改将保存到 Adobe 云存储中。

③ 配置文件有助于极大地提高表单填写速度，因为可通过选择预先设定的答案来填充表单域。

第 7 课

使用 Acrobat 转换 Microsoft Office 文件

本课概览

- 将 Microsoft Word 文件转换为 Adobe PDF。
- 将 Word 标题和样式转换为 PDF 书签（Windows）。
- 将 Word 批注转换为 PDF 附注（Windows）。
- 修改 Adobe PDF 转换设置（Windows）。
- 将 Microsoft Excel 文件转换为 Adobe PDF。
- 使用电子表格拆分视图。
- 将 Microsoft PowerPoint 演示文稿转换为 Adobe PDF。

学习本课大约需要 **45** 分钟

使用 Acrobat PDFMaker 和 Acrobat 中的"创建 PDF"工具，可轻松地将 Microsoft Office 文档转换为 PDF。在 Windows 中，还可使用 Acrobat PDFMaker 将 Word 标题转换为书签、将批注转换为附注以及发起基于邮件的审阅。

7.1　将 Microsoft Office 文档转换为 PDF

如何将 Microsoft Office 文档转换为 PDF 呢？这取决于使用的操作系统和应用程序及其版本。在 Windows 系统中安装 Acrobat 时，会自动在 Microsoft Office（包括 Microsoft Word、Microsoft Excel 和 Microsoft PowerPoint）2013 或更高版本中添加 Acrobat PDFMaker。在 macOS 中安装 Acrobat 时，会自动在 Microsoft Word 2016 或更高版本以及 Microsoft PowerPoint 2019 和 Excel 2019 或更高版本中添加 Acrobat PDFMaker。

要完成本课的练习，需要在系统中安装上述应用程序，如果系统中没有安装这些 Microsoft Office 应用程序，可跳过本课。有关支持的 Microsoft Office 版本，请参阅 Adobe 官方网站中的相关信息。

将 Microsoft Office 文档转换为 PDF 文档的步骤随操作系统而异，因此这里针对操作系统 Windows 和 macOS 分别进行介绍。如果只使用了一种操作系统，可跳过针对另一种操作系统的部分。

这里假设读者使用的是 Microsoft Office 2016，在其他版本中，转换步骤与这里介绍的类似。

7.2　Acrobat PDFMaker 简介

Acrobat PDFMaker 让用户能够轻松地将 Microsoft Office 文档转换为 PDF。PDFMaker 选项位于 Acrobat 选项卡中。在 Windows 系统中，无须离开 Microsoft Office 应用程序就可控制转换 PDF 时使用的设置、自动通过电子邮件发送 PDF 文件以及发起基于电子邮件的审阅，PDFMaker 会将 Office 源文件作为 PDF 文件的附件。

PDF 文件通常比源文件小得多，在 Windows 中，还可从 Office 文件创建与 PDF/A 兼容的文件。

在 Windows 系统中，如果在 Microsoft Office 应用程序中没有看到 Acrobat 选项卡，请选择"文件">"选项"，在打开的"选项"对话框中依次选择"加载项"和"Acrobat PDFMaker Office COM Addin"，再重启 Microsoft Office 应用程序。

在 Windows 系统中，Acrobat 在 Word、PowerPoint 和 Excel 中的按钮和命令基本相同（如图 7.1 所示），但存在一些与应用程序相关的差别。

图 7.1

在 macOS 中，Acrobat PDFMaker 只有两个按钮："创建 PDF"和"首选项"，如图 7.2 所示。

图 7.2

7.3 将 Word 文档转换为 PDF（Windows）

Word 是一款流行的文字处理程序，让用户能够轻松地创建各种文档。Word 文档常常包含文本样式和超链接，还可能包含审阅过程中添加的批注。在 Windows 系统中从 Word 文档创建 Adobe PDF 文档时，可将使用特定样式的文本（如标题）转换为 Acrobat 书签，还可将批注转换为附注。转换为 PDF 时，将保留 Word 文档中的超链接。无论是在外观还是在功能上，转换得到的 Adobe PDF 文件都类似于 Word 文件，但对所有平台的用户来说，Adobe PDF 文件更易于使用。在从 Word 文件创建的 PDF 文件中还添加了标签，这提高了文件的易用性，让用户能够轻松地重用文件内容。

> 提示　如果订阅了 Acrobat 或 Creative Cloud，可在平板电脑或手机上使用 Acrobat 将 Microsoft Office 文件转换为 PDF。

7.3.1 将标题和样式转换为 PDF 书签

如果 Word 文档包含标题和样式，而你要将其转换为 Adobe PDF 中的书签，只需在"Acrobat PDFMaker"对话框中指定要转换的标题和样式（默认情况下，将把 Word 样式"标题 1"到"标题 9"转换为书签）。下面来转换一个工作说明文档，其中使用了自定义样式。将这个文档转换为 Adobe PDF 文件时，需要确保这些样式被转换为书签。

❶ 启动 Microsoft Word。

❷ 根据使用的 Word 版本，单击"打开"或选择"文件">"打开"，切换到 Lesson07\Assets 文件夹，并双击 SOW draft.docx 文件。

❸ 如果文档是在保护视图模式下打开的，请单击"启用编辑"按钮。

❹ 选择"文件">"另存为"，将文件重命名为 SOW draft_final.docx，并保存到 Lesson07\Finished_Projects 文件夹。

下面先来修改 PDF 设置，以便根据文档中使用的样式创建书签。

❺ 切换到 Acrobat 选项卡，再单击"首选项"按钮，如图 7.3 所示。

图 7.3

"Acrobat PDFMaker"对话框包含控制 PDF 转换的设置。这个对话框包含的选项卡随应用程序而异，在 Word 中包含 Word、"书签"选项卡等。

❻ 切换到"书签"选项卡，以选择要转换为书签的样式。

默认情况下，所有标题都将转换为书签。下面不采用默认设置，而选择几个要转换为书签的样式。

❼ 取消选择"将 Word 标题转换为书签"复选框，以取消选择各个标题。

❽ 在列表中向下滚动，并在"书签"栏中选择以下复选框：Second level、third level、Top level 和"标题"，如图 7.4 所示。这些样式将用来创建书签。

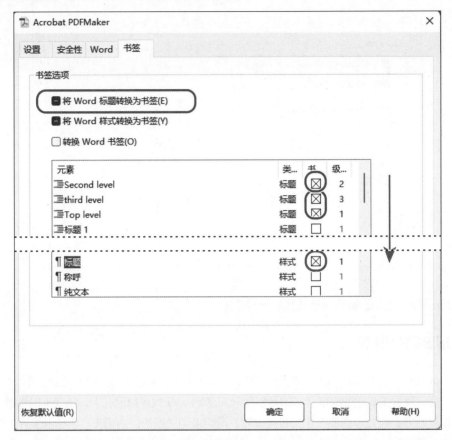

图 7.4

请注意，Top level 和"标题"的级别被自动设置为 1，Second level 的级别被设置为 2，而 third level 的级别被设置为 3。这里的级别指的是 PDF 书签层次结构中的级别。要修改样式的级别设置，可单击其级别值，再在下拉列表中选择所需的级别。

"书签"选项卡中的设置都只用于将 Word 文档转换为 PDF 文件。

7.3.2 将 Word 批注转换为 PDF 附注

将 Word 文档转换为 Adobe PDF 时，可保留其中的批注，为此可将它们转换为 PDF 附注。这个文档中有两个批注，需要在转换得到的 PDF 中保留它们。

❶ 在"Acrobat PDFMaker"对话框中切换到 Word 选项卡，并确保选择了"将显示的批注转换为 Adobe PDF 附注"复选框。

"注释"部分显示了有关注释的信息，请确保选择了"包含"栏的复选框。

❷ 要修改 Adobe PDF 文档中附注的颜色，可不断地单击"颜色"栏的图标，在各种颜色之间切换。这里选择的是蓝色。

❸ 为让附注在 PDF 文档中自动打开，请选择"附注打开"栏的复选框，如图 7.5 所示。在 PDF 文档中，可随时将附注关闭。

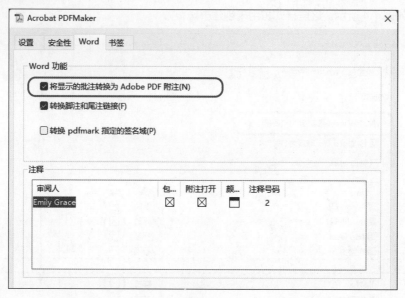

图 7.5

Word 选项卡中的设置都只用于转换 Word 文档。

7.3.3 指定转换设置

在 Windows 系统中，每个 Office 应用程序的"Acrobat PDFMaker"对话框都包含"设置"选项卡，可在其中选择转换设置，它们决定了将如何创建 PDF 文件。在大多数情况下，预定义的设置文件（预设）的效果就很好，但如果需要自定义转换设置，可切换到"设置"选项卡，再根据文件的情况对转换设置做适当的修改。

下面使用"标准"预设来转换 Word 文档。

❶ 切换到"设置"选项卡。

❷ 在"转换设置"下拉列表中选择"标准"。

❸ 确保选择了"查看 Adobe PDF 结果"复选框。选择了这个复选框，Acrobat 将在转换完成后自动打开创建的 Adobe PDF 文件。

❹ 确保选择了"创建书签"复选框。

❺ 确保选择了"为加标签的 PDF 启用辅助工具和重排"复选框。通过给 PDF 文件加标签，可使其更易于使用。

有关如何让 PDF 文件易于使用的详细信息，请参阅第 3 课。

❻ 选择"附加源文件"复选框，将 Word 文档附加到 PDF 文件中，如图 7.6 所示。如果要让查看者能够访问原件，这个选项很有用。

> 注意 Acrobat PDFMaker 将一直使用这些设置来转换 Word 文档，直到这些设置被修改。

❼ 单击"确定"按钮让设置生效，再选择"文件">"保存"。

图 7.6

7.3.4 转换 Word 文件

指定用于转换的设置后,便可将 Word 文件转换为 Adobe PDF 了。

❶ 单击 Acrobat 选项卡中的"创建 PDF"按钮,如图 7.7 所示。

图 7.7

❷ 在"另存 Adobe PDF 文件为"对话框中,切换到 Lesson07\Finished_Projects 文件夹,将文件命名为 SOW draft.pdf,并单击"保存"按钮。

Acrobat PDFMaker 将把这个 Word 文档转换为 Adobe PDF,并在 Acrobat PDFMaker 消息框中显示转换状态。

由于前面选择了"查看 Adobe PDF 结果"复选框,Acrobat 将自动打开转换得到的文件。请注意,在打开的"注释"窗格中显示了 Word 文档中的批注,如图 7.8 所示。

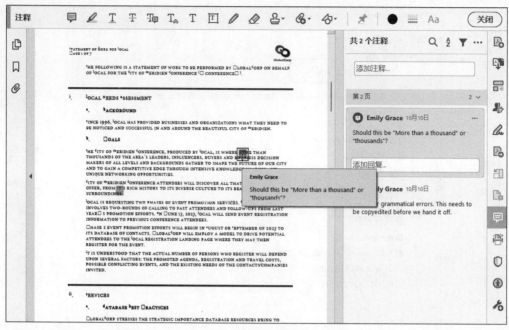

图 7.8

❸ 如果有必要，请在"注释"窗格中滚动，以查看第一条附注。查看完附注后，单击"关闭"按钮退出"注释"工具。

> 💡 提示　在 Acrobat 中，对于从 Office 文件创建的 PDF 文件，可编辑其中的页眉和页脚。

❹ 在导览窗格中单击"书签"按钮，查看自动创建的书签，如图 7.9（左）所示。

在 Acrobat 中单击导览窗格中的书签时，将跳至相应的标题，而不是其所在页面的开头。

❺ 在导览窗格中单击"附件"按钮，核实是否附加了原始 Word 文件，如图 7.9（右）所示。

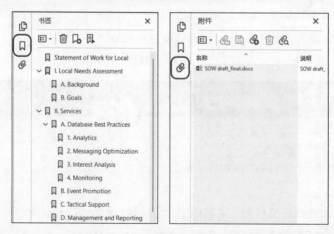

图 7.9

> 💡 提示　要使用当前的转换设置将 Office 文件转换为 Adobe PDF，可将其拖放到桌面的 Acrobat 图标上，也可将其拖放到 Acrobat 工作区域内的空文档窗口中。

❻ 查看完文件后，将其关闭。

❼ 选择"文件">"退出",关闭 Acrobat。

❽ 退出 Microsoft Word。

从 Word 邮件合并模板创建 Adobe PDF 文件

Word 邮件合并功能可以生成标准信函等文档,这种文档是个性化的,其中包含收信人的姓名和地址。在 Windows 中,可使用 Acrobat PDFMaker 根据 Word 邮件合并模板和相应的数据文件将邮件合并转换为 PDF。还可将 PDF 文件作为生成的邮件的附件。要进行这种转换,可单击 Acrobat 选项卡中的"邮件合并"按钮。有关这方面的详细信息,请参阅 Acrobat 帮助文档。

7.4 将 Word 文档转换为 PDF(macOS)

在 macOS 中,可快速将 2016 或更高版本的 Microsoft Word 文档转换为 PDF,为此可使用 Word 中的 Acrobat 选项卡。Acrobat 选项卡中的"创建 PDF"按钮使用云服务来转换文件,而要使用这项服务,必须联网并登录 Acrobat。Acrobat 使用文档的当前页面设置来进行转换,并自动从标题样式创建书签。

❶ 打开 Word。

❷ 单击"打开"或选择"文件">"打开",再切换到 Lesson07\Assets 文件夹,并双击 SOW draft.docx 文件。选择"文件">"另存为",将文件重命名为 SOW draft_final.docx,并保存到 Lesson07\Finished_Projects 文件夹。

❸ 单击 Acrobat 选项卡中的"首选项"按钮,如图 7.10 所示。

图 7.10

弹出"Acrobat Create PDF 设置"对话框。如果希望单击 Acrobat 选项卡中的"创建 PDF"按钮时,Acrobat 询问是否要使用 Adobe Create PDF 云服务,请选择"使用 Adobe Create PDF 云服务的提示"。

❹ 单击"确定"按钮关闭对话框,如图 7.11 所示。

❺ 选择"文件">"页面设置",以查看 Acrobat 将使用的页面设置。单击"确定"按钮接受这些设置。

❻ 如果修改了页面设置,请务必保存文档。

❼ 在 Acrobat 选项卡中单击"创建 PDF"按钮。如果出现提示框,单击"是"按钮以使用 Adobe Create PDF 云服务,如图 7.12 所示。

此时将在 Acrobat 中打开转换得到的 PDF 文档。

图 7.11

图 7.12

⑧ 关闭这个 PDF 文档，并退出 Word。

7.5 转换 Excel 文件（Windows）

在 Windows 系统中将 Excel 文件转换为 PDF 时，可轻松地选择要包含的工作表并对它们排序、保留所有的链接以及创建书签。下面先自定义转换设置，再将一个 Excel 文档转换为 Adobe PDF 文件。

7.5.1 转换整个工作簿

可将整个工作簿、选定部分或选定工作表转换为 PDF。在这个练习中，将转换整个工作簿。

① 启动 Microsoft Excel。

② 根据使用的版本，单击"打开"或选择"文件">"打开"，再切换到 Lesson07\Assets 文件夹，并打开 Financials.xlsx 文件。

③ 如果文件是在保护视图模式下打开的，请单击"启用编辑"按钮。

④ 选择"文件">"另存为"，将文件重命名为 Financials_final.xlsx，并保存到 Lesson07\Finished_Projects 文件夹中。

这个 Excel 文件包含两个工作表，分别列出了建筑成本和运营成本，需要对这两个工作表都进行转换。下面先修改 PDF 转换设置。

⑤ 切换到 Acrobat 选项卡。

⑥ 在 Acrobat 选项卡中单击"首选项"按钮，如图 7.13 所示。

⑦ 在"Acrobat PDFMaker"对话框的"设置"选项卡中，在"转换设置"下拉列表中选择"最小文件大小"，因为将要通过电子邮件发送转换得到的 PDF 文件。

⑧ 选择"使工作表显示在单页上"复选框。

⑨ 确保选择了"为加标签的 PDF 启用辅助工具和重排"复选框。通过创建加标签的 PDF 文件，可更轻松地将其中的表格数据复制到电子表格程序中，还可让文件更易于使用。

⑩ 选择"提示转换设置"复选框，这样将在开始转换文件时打开一个对话框，让用户指定要包含的工作表以及它们的排列顺序。

Acrobat PDFMaker 将一直使用这些设置来将 Excel 文档转换为 PDF，直到这些设置被修改。

⑪ 单击"确定"按钮让设置生效，如图 7.14 所示。

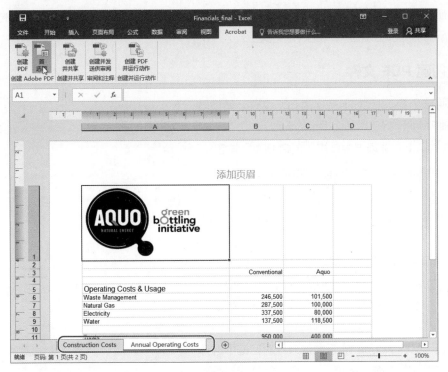

图 7.13

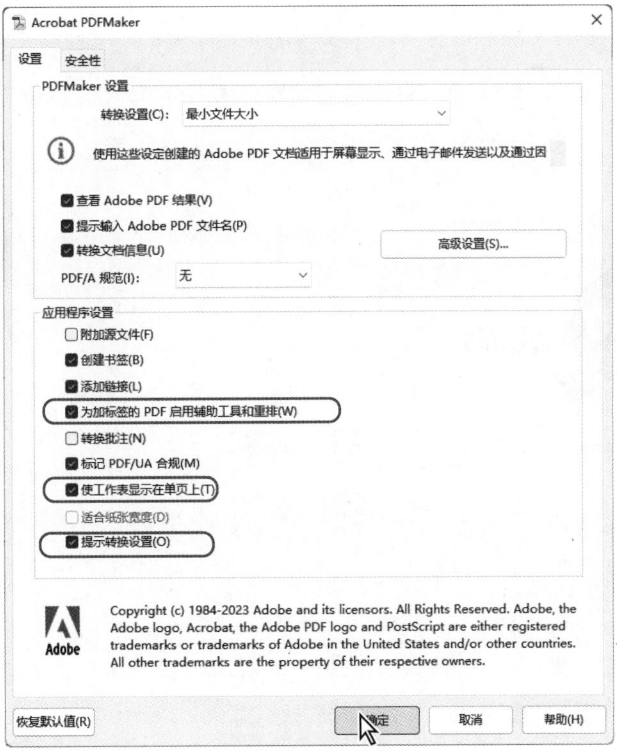

图 7.14

在 Acrobat 中，可将尺寸过大的工作表转换为宽度为一页、长度为多页的 PDF 文档。在"Acrobat PDFMaker"对话框的"设置"选项卡中，"使工作表显示在单页上"用于调整每个工作表的尺寸，让

第 7 课　使用 Acrobat 转换 Microsoft Office 文件

工作表中所有的项目都出现在 PDF 文件的一页上；"适合纸张宽度"用于调整每个工作表的宽度，让工作表中所有的列都出现在 PDF 文件的一页上。

7.5.2 创建 PDF 文件

下面将这个 Excel 工作簿转换为 PDF 文件，转换时 Acrobat PDFMaker 将使用前面指定的设置。

❶ 在 Acrobat 选项卡中单击"创建 PDF"按钮。

❷ 在"Acrobat PDFMaker"对话框中选择"整个工作簿"。

如果愿意，可在这个对话框中选择特定的内容或工作表。

❸ 单击"转换为 PDF"按钮，如图 7.15 所示。

❹ 在"另存 Adobe PDF 文件为"对话框中单击"保存"按钮，使用文件名 Financials_final.pdf 将文件保存到 Lesson07\Finished_Projects 文件夹。

如果在"另存 Adobe PDF 文件为"对话框中选择了"查看结果"复选框，Acrobat 将自动打开转换得到的 PDF 文档，如图 7.16 所示。

图 7.15

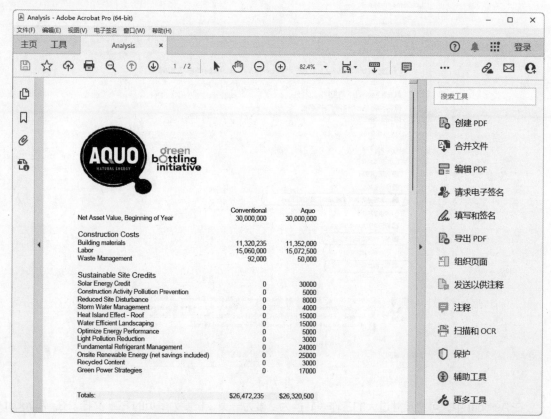

图 7.16

❺ 在 Acrobat 中查看 Financials_final.pdf 文件，查看完毕后关闭这个文件，再关闭 Excel。

7.6 转换 Excel 文件（macOS）

在 macOS 中，使用 Excel 中的 Acrobat 选项卡，可快速将 2019 或更高版本的 Microsoft Excel 文档转换为 PDF。Acrobat 选项卡中的"创建 PDF"按钮使用 Adobe Create PDF 云服务来转换文件，而要使用这项服务，必须联网并登录 Acrobat。Acrobat 使用 Excel 中当前的页面设置来转换文档。

❶ 打开 Excel。

❷ 在 Excel 中，单击"打开"或选择"文件">"打开"，再切换到 Lesson07\Assets 文件夹，并双击 Financials.xlsx 文件。然后选择"文件">"另存为"，将文件重命名为 Financials_final.xlsx，并将其保存到 Lesson07\Finished_Projects 文件夹。

❸ 选择"文件">"页面设置"，将方向设置为"横向"，再单击"确定"按钮，如图 7.17 所示。

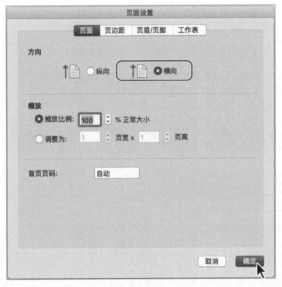

图 7.17

> 注意　如果使用的是较早的 Excel 版本，其中可能没有 Acrobat 选项卡。在这种情况下，要将电子表格转换为 PDF，可在 Excel 中指定文件设置，再打开 Acrobat，并选择"文件">"创建">"从文件创建 PDF"。

❹ 选择"文件">"保存"将所做的修改存盘。

❺ 切换到 Acrobat 选项卡。

❻ 在 Acrobat 选项卡中单击"创建 PDF"按钮。如果出现提示框，单击"是"按钮。

Acrobat 会把文件上传到 Adobe 云存储，并对其进行转换，再打开转换得到的 PDF 文件。

❼ 滚动查看文档。

❽ 查看完毕后关闭 PDF 文档，再退出 Excel。

7.7 使用电子表格拆分视图

无论是在 Windows 还是 macOS 中，将 Excel 工作表转换为 PDF 文档并在 Acrobat 中查看时，如果能够在上下或左右滚动页面时保持列名或行名不动，将方便查看相关内容。Acrobat 中的"电子表格拆分"命令能够达成这个目标。

❶ 在 Acrobat 中选择"文件">"打开"，切换到 Lesson07\Assets 文件夹，并打开 GE_Schedule.pdf 文件。

由于字号太小，在屏幕上阅读时，如果将视图设置为"适合一个整页"，这个计划表将很难看清。下面使用"电子表格拆分"命令以更大的缩放比例显示部分数据。

❷ 选择"窗口">"电子表格拆分"，将文档窗口划分成 4 个区域。

可上下拖曳水平分隔条或左右拖曳垂直分隔条，以调整各个区域的尺寸。

在电子表格拆分视图下，修改缩放比例将影响所有的区域；但在拆分视图下，两个区域的缩放比例可以不同。

❸ 拖曳垂直分隔条，让左边的区域只显示类别。

❹ 拖曳水平分隔条，让上面的区域只显示列名，如图 7.18 所示。

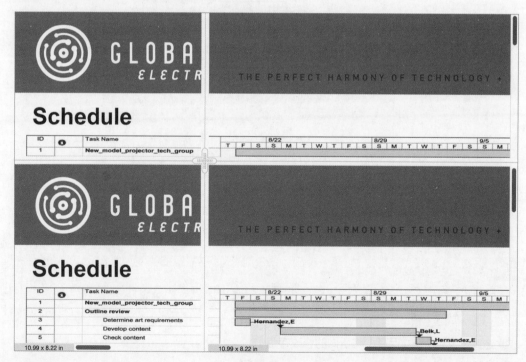

图 7.18

❺ 使用垂直滚动条向下滚动，以查看各个类别。由于列标题始终可见，因此很容易评估各项任务的安排情况。

❻ 探索完电子表格拆分视图后，关闭 GE_Schedule.pdf 文件，但不保存所做的修改。

7.8 转换 PowerPoint 演示文稿（Windows）

可将 Microsoft PowerPoint 演示文稿转换为 PDF，方法与转换 Microsoft Word 文档类似，但有一些额外的选项，用于保持演示文稿的外观不变。下面来转换一个简单的演示文稿，并保留幻灯片切换效果。

❶ 启动 PowerPoint。根据使用的 PowerPoint 版本，单击"打开"或选择"文件">"打开"，切换到 Lesson07\Assets 文件夹，并打开 Projector Setup.pptx 文件。

❷ 如果文件是在保护视图模式下打开的，单击"启用编辑"按钮。在这个文件中，在幻灯片之间应用了"推进"切换效果。

❸ 切换到 Acrobat 选项卡，如图 7.19 所示。

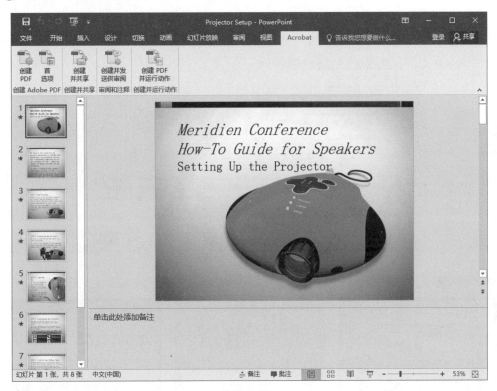

图 7.19

❹ 在 Acrobat 选项卡中单击"首选项"按钮。

❺ 切换到"设置"选项卡，再选择"转换多媒体"和"保留幻灯片切换"复选框。另外，确保选择了"查看 Adobe PDF 结果"复选框。

❻ 单击"确定"按钮，如图 7.20 所示。

可转换演讲者的备注和隐藏的幻灯片，还可指定其他设置。

❼ 在 Acrobat 选项卡中单击"创建 PDF"按钮。在"另存 Adobe PDF 文件为"对话框中，将文件命名为 Projector Setup_final.pdf，将保存位置指定为 Lesson07\Finished_Projects 文件夹，再单击"保存"按钮。转换完毕后，Acrobat 将打开转换得到的 PDF 文件。

❽ 在 Acrobat 中选择"视图">"全屏模式"，再按箭头键移动显示的页面，如图 7.21 所示。注

意到在 PDF 文件中保留了幻灯片的"推进"切换效果。按 Esc 键退出全屏模式，再关闭这个 PDF 文件和 PowerPoint。

图 7.20

  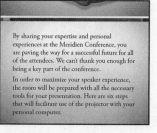

图 7.21

7.9 转换 PowerPoint 演示文稿（macOS）

在 macOS 中，可使用 Acrobat 将 2019 或更高版本的 Microsoft PowerPoint 演示文稿转换为 PDF，方法与转换 Word 文档类似。Acrobat 使用 PowerPoint 中的当前页面设置来转换文档。由于 Acrobat 使用 Adobe Create PDF 云服务来转换文档，因此必须联网并登录 Acrobat 才能使用这项功能。

❶ 打开 PowerPoint。

❷ 在 PowerPoint 中选择"文件">"打开",再切换到 Lesson07\Assets 文件夹,并双击 Projector Setup.pptx 文件。选择"文件">"另存为",将文件重命名为 Projector Setup_final.pptx,并将其保存到 Lesson07\Finished_Projects 文件夹。

❸ 选择"文件">"页面设置",确认转换设置是合适的,再单击"确定"按钮。

❹ 如果修改了设置,选择"文件">"保存"将所做的修改存盘。

❺ 切换到 Acrobat 选项卡。

❻ 在 Acrobat 选项卡中单击"创建 PDF"按钮,如图 7.22 所示。如果出现提示框,单击"是"按钮以使用 Adobe Create PDF 云服务。

图 7.22

Acrobat 会把文件上传到 Adobe 云存储并对其进行转换,再打开转换得到的 PDF 文件。

❼ 滚动查看文档。

❽ 查看完毕后关闭 PDF 文档,再退出 PowerPoint。

7.10 复习题

❶ 在 Windows 系统中,使用 Acrobat PDFMaker 将 Word 文档转换为 Adobe PDF 时,如何确保 Word 样式和标题被转换为 Acrobat 书签?

❷ 在 Acrobat 中,如何在电子表格中滚动时确保始终能看到列标题?

❸ 在 Windows 系统中,将 PowerPoint 演示文稿转换为 PDF 时,能保留幻灯片切换效果吗?

❹ 在 macOS 中,如何快速将 Excel 文档转换为 PDF?

7.11 复习题答案

❶ 要将 Word 标题和样式转换为 Acrobat 书签,可在 Microsoft Word 中单击 Acrobat 选项卡中的"首选项"按钮,再在"Acrobat PDFMaker"对话框中切换到"书签"选项卡,并确保选择了要转换的标题和样式。

❷ 要确保在查看电子表格内容时始终能够看到列标题,可选择"窗口">"电子表格拆分",将文档窗口分成 4 个区域,将分隔条移到合适的位置,然后通过上下滚动查看不同的行。

❸ 在 Windows 中,将 PowerPoint 演示文稿转换为 PDF 时,能够保留幻灯片切换效果。为此,可在 Acrobat 选项卡中单击"首选项"按钮,再确保选择了"保留幻灯片切换"复选框。Acrobat PDFMaker 将一直使用指定的设置,直到设置被修改。

❹ 在 macOS 中,要快速将 Excel 文档转换为 PDF,可使用 Adobe Create PDF 云服务,但必须联网并登录了 Acrobat。为此,确保为文件转换做好了准备,在 Excel 中切换到 Acrobat 选项卡,再单击"创建 PDF"按钮。

第 8 课

使用 Acrobat 合并文件

本课概览

- 快速而轻松地将各种文件合并为单个 PDF 文档。
- 选择要合并到 PDF 文件中的页面。
- 自定义合并得到的 PDF 文件。
- 学习如何创建 PDF 包（仅 Acrobat Pro）。

学习本课大约需要 **45** 分钟

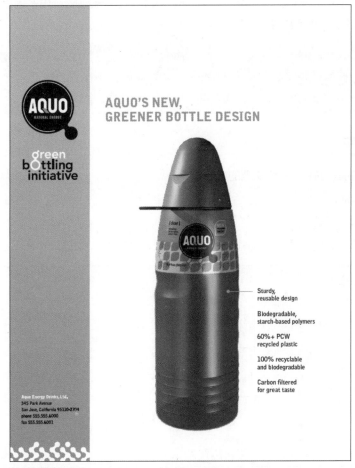

可轻松地将多个不同类型的文件合并为单个 PDF 文档。对于要合并的每个文件，还可选择要将哪些页面包含在合并得到的 PDF 文档中。

8.1 文件合并简介

在 Acrobat 中，可将多个文件合并为单个 PDF 文档。可合并使用不同应用程序创建的格式相同的文件，只要在当前系统中安装了支持原生文档格式的应用程序，文档就能被自动转换为 PDF。例如，可合并特定项目涉及的所有文档，包括文本文件、电子邮件、电子表格、CAD 工程图和 PowerPoint 演示文稿。合并文件时，对于每个文档，都可选择要合并其中的哪些页面，还可调整文档的排列顺序。Acrobat 将把每个文件都转换为 PDF，再合并为单个 PDF 文件。

如果使用的是 Acrobat Pro，还可将多个文件合并为 PDF 包。创建 PDF 包只是将多个文件合并为单个文档，而不会将文件转换为 PDF 格式，即保留文件的原始格式。有关这方面的详细信息，请参阅本课的"创建 PDF 包"。

8.2 选择要合并的文件

本课将把多个文档合并为一个 PDF 文件，这些文档是一家虚构的饮料公司召开董事会时需要用到的，包括多个 PDF 文件、一个公司 Logo、一个 Word 文档以及一个 Excel 电子表格。在每个文档中，可选择要将哪些页面包含在合并得到的 PDF 文件中。

> 💡 注意　为让 Acrobat 能够将 Word 或 Excel 文档转换为 PDF 文件，在当前系统中必须安装相应的原生应用程序。如果计算机中没有安装 Word 或 Excel，就不能将 Word 和 Excel 文件合并到 PDF 文档中。在这种情况下，为完成这里的练习，可不选择 Word 和 Excel 文件。

8.2.1 添加文件

首先，选择要将其合并为 PDF 文档的文件。

❶ 启动 Acrobat。

❷ 单击"工具"标签。

❸ 在工具中心中，单击"创建和编辑"类别中的"合并文件"，如图 8.1 所示。

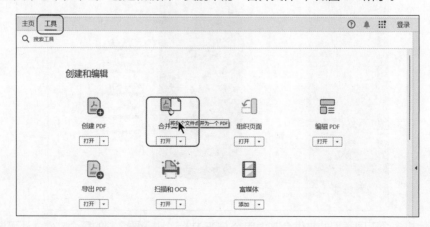

图 8.1

❹ 单击"添加文件"按钮，如图 8.2 所示。

图 8.2

❺ 切换到 Lesson08\Assets 文件夹。

这个文件夹中有一个 GIF 文件、一个 Excel 电子表格、一个 Word 文档和多个 PDF 文件，具体如图 8.3 所示。

图 8.3

❻ 选择 Aquo_Bottle.pdf，再按住 Shift 键并单击 Logo.gif 文件，以选择下面列出的所有文件，然后单击"打开"按钮（Windows）或"添加文件"按钮（macOS）。

- Aquo_Bottle.pdf。
- Aquo_Building.pdf。
- Aquo_Costs.pdf。
- Aquo_Fin_Ana.xls。
- Aquo_Mkt_Summ.doc。
- Aquo_Overview.pdf。

- Logo.gif。

对于这里列出的各个文件,如果计算机中没有安装对其进行转换所需的软件,将无法选择它。

8.2.2 浏览文件

对于添加的每个文件,Acrobat 都在"合并文件"窗口中显示了其缩略图。这些缩略图让用户能够预览文档、选择要包含的页面、删除文件,以及调整页面在最终合并得到的文件中的排列顺序。

❶ 选择 Aquo_Bottle.pdf 的缩略图。

❷ 将鼠标指针移到这个缩略图上,Acrobat 将显示文件名、文件大小、修改日期以及包含的页面数,如图 8.4 所示。

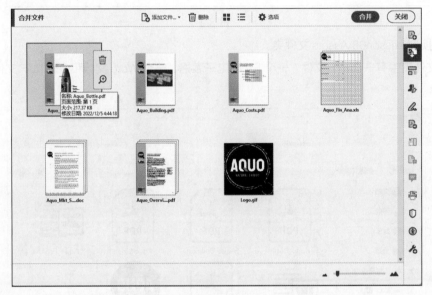

图 8.4

> **注意** 在 macOS 中选择文件时,可能打开相应的源应用程序(Microsoft Word、Excel 和 PowerPoint)。Acrobat 使用源应用程序来创建在"合并文件"窗口中显示的缩略图。

❸ 单击放大镜图标(如图 8.5 所示),将页面放大到合适的大小进行预览。

图 8.5

❹ 单击预览框外面的任意位置，如图 8.6 所示，将预览框关闭。

图 8.6

❺ 将鼠标指针移到 Aquo_Overview.pdf 的缩略图上，再单击"展开 3 页"图标（双向箭头），以显示该文档中所有的页面，如图 8.7 所示。

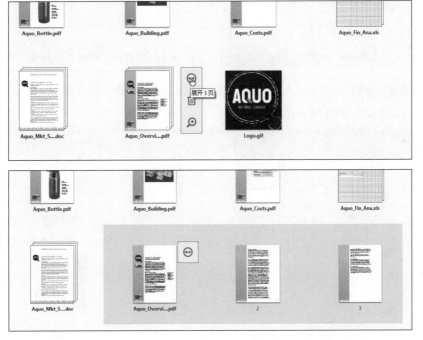

图 8.7

对于其中的每个页面，都可进行预览、调整其在最终合并得到的 PDF 文件中的位置或将其删除。

❻ 选择 Aquo_Overview.pdf 文件中第 3 页的缩略图，再单击删除图标，如图 8.8 所示。

现在，这个文档只包含两个页面。

❼ 将鼠标指针移到 Aquo_Overview.pdf 文件中任何一个页面的缩略图上，再单击"折叠文档"图标（指向内部的双箭头，如图 8.9 所示），将这个文档折叠，从而只显示单个缩略图。

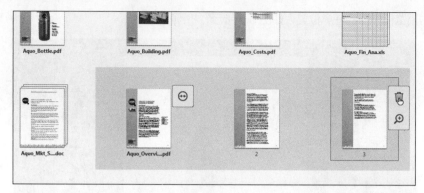

图 8.8

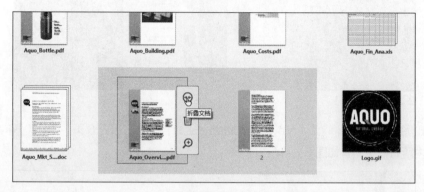

图 8.9

> **注意** 如果在"合并文件"窗口中无法添加 Aquo_Fin_Ana.xls 文件，请跳过第 8 步。

❽ 将鼠标指针移到 Aquo_Fin_Ana.xls 文件的缩略图上，再单击"展开 2 页"图标，以显示这个文件包含的两个工作表，如图 8.10 所示。

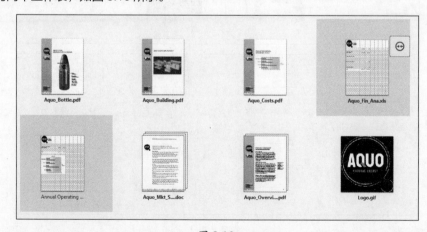

图 8.10

8.3 调整排列顺序

合并文件前，可调整页面的排列顺序。为此，只需在"合并文件"窗口中拖放缩略图，使其按所需的顺序排列。

❶ 在"合并文件"窗口中,将 Logo.gif 文件拖放到开头,使其位于 Aquo_Bottle.pdf 文件的前面,如图 8.11 所示。

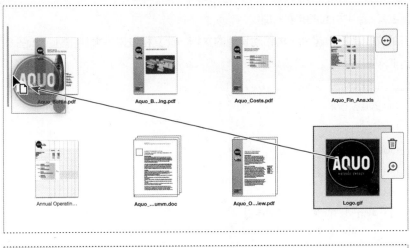

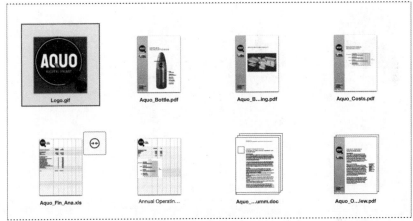

图 8.11

❷ 将 Aquo_Fin_Ana.xls 文件中的第一个工作表拖放到 Aquo_Mkt_Summ.doc 文件的后面,如图 8.12 所示。

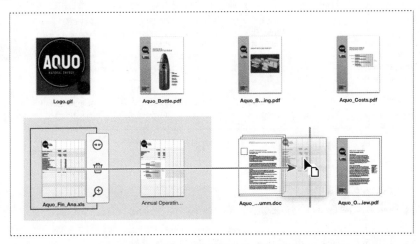

图 8.12

> **注意** 如果前面无法添加 Aquo_Fin_Ana.xls 文件，请跳过第 2 步。同理，对于没有出现在"合并文件"窗口中的文件，跳过即可。

可调整文档或文档中页面的排列顺序。

❸ 将展开的文档都折叠起来，再移动其他的文档，让文档按以下顺序排列（如图 8.13 所示）。

- Logo.gif。
- Aquo_Bottle.pdf。
- Aquo_Overview.pdf。
- Aquo_Building.pdf。
- Aquo_Costs.pdf。
- Aquo_Fin_Ana.xls 的第二个工作表。
- Aquo_Mkt_Summ.doc。
- Aquo_Fin_Ana.xls 的第一个工作表。

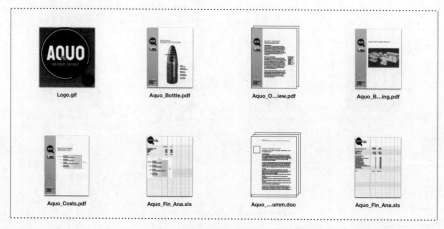

图 8.13

❹ 单击"合并文件"工具栏中的"切换到列表视图"按钮，以显示文件名和各种信息，而不是缩略图，如图 8.14 所示。

图 8.14

8.4 合并文件

选择要包含的页面并按合适的顺序排列它们后，便可合并文件了。

❶ 单击"合并文件"工具栏中的"选项"图标（ ⚙ ）。

❷ 在"选项"对话框中，确保选择了"默认文件大小"图标。

"较小文件大小"将使用适合在屏幕上查看的压缩和分辨率设置，"默认文件大小"将创建用于商业印刷和屏幕查看的 PDF 文件，"较大文件大小"将使用"高质量打印"转换设置。

❸ 确保选择了"总是添加书签到 Adobe PDF"复选框。

选择该复选框后，Acrobat 将在转换并合并文档时添加书签。

❹ 确保没有选择"另存为 PDF 包"复选框，让 Acrobat 将所有文件合并为单个 PDF 文档。

❺ 单击"确定"按钮关闭"选项"对话框，如图 8.15 所示。

❻ 单击"合并"按钮，如图 8.16 所示。

图 8.15

图 8.16

Acrobat 将把各个文档转换为 PDF 格式再合并，并报告合并进度。在转换过程中，可能打开再关闭某些源应用程序。合并完文档后，Acrobat 将打开合并得到的文件——组合 1.pdf。

❼ 单击导览窗格中的"书签"按钮（ 🔖 ），以查看 Acrobat 为这个文档创建的书签，如图 8.17 所示。

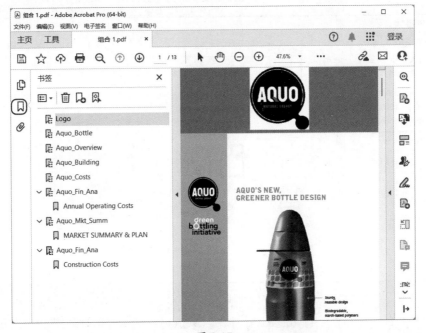

图 8.17

第 8 课 使用 Acrobat 合并文件

由于前面移动了 Excel 文档中的一个工作表，所以在书签列表中，这个 Excel 文档的名称出现了两次。在 Windows 中，Acrobat 还为每个页面创建了书签，这些书签嵌套在用文档名命名的书签下。根据文档的用途，可能需要对书签进行编辑。

❽ 浏览文档，其中的页面是按指定顺序排列的。

❾ 选择"文件">"另存为"，将文档命名为 Aquo presentation.pdf，并保存到 Lesson08\Finished_Projects 文件夹。

❿ 关闭 Aquo presentation.pdf 文件。

创建 PDF 包（Acrobat Pro）

在 Acrobat Pro 中，可将多个格式不同的文件合并为 PDF 包。创建 PDF 包时，可不将文件转换为 PDF 格式。

相比于将文件合并为单个 PDF 文件，创建 PDF 包有多个优点。

- 可轻松地将文件添加到 PDF 包中及删除 PDF 包中的文件。
- 可快速预览 PDF 包中的文件（无须打开"打开"或"保存"对话框）。
- 可编辑 PDF 包中的文件，同时不影响其他文件，还可在原生应用程序中编辑 PDF 包中的非 PDF 文件，所做的修改都将保存到 PDF 包内的文件中。
- 可在整个 PDF 包或其中的文件（包括非 PDF 文件）中进行搜索。
- 可将非 PDF 文件添加到既有的 PDF 包中，而无须先将其转换为 PDF 格式。

要创建 PDF 包，可采取以下步骤。

❶ 选择"文件">"创建">"PDF 包"。

弹出"创建 PDF 包"对话框，它类似于"合并文件"窗口。

❷ 单击对话框顶部的"添加文件"按钮，再选择"添加文件"，如图 8.18 所示。

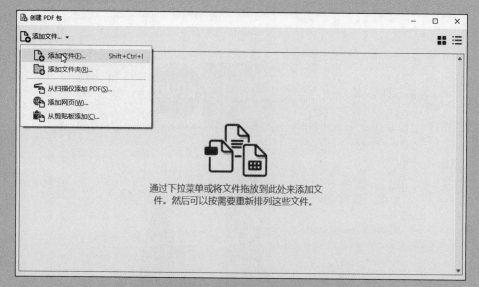

图 8.18

❸ 选择要包含的文件，再单击"打开"按钮（Windows）或"添加文件"按钮（macOS）。

❹ 根据需要，调整文件在 PDF 包中的排列顺序。

❺ 单击"创建"按钮。

Acrobat 将打开生成的 PDF 包——名为"包 1.pdf"，并在左边的导览窗格中列出其中包含的文件，如图 8.19 所示。

图 8.19

要在 PDF 包中导航，可单击导览窗格中的文件名，也可单击文档任务栏中的"转到下一个文件"或"转到上一个文件"按钮。

如果当前选定的文件不是 PDF 文档，单击"打开文档"按钮将在原生应用程序（如 Microsoft Word）中打开它；如果当前选定的文档为 PDF 文件，将在 Acrobat 中打开其副本。可提取 PDF 包中的文档，无论它是否是 PDF 文件。要提取文档，可在 PDF 包中选择它，选择"文件">"从包中提取文件"，再给文件重命名、选择存储位置并单击"保存"按钮。

❻ 选择"文件">"PDF 包"，打开"另存为 PDF"对话框。

❼ 给 PDF 包指定存储位置，再重命名 PDF 包并单击"保存"按钮。

8.5 复习题

❶ 可将非 PDF 格式的文档合并到 PDF 文件中吗？

❷ 如何调整页面在最终合并得到的 PDF 文件中的排列顺序？

❸ 在"合并文件"窗口中，为何要预览或浏览其中的文件？

❹ 指出 PDF 包的一些优点。

8.6 复习题答案

❶ 可将任何格式的文档合并到 PDF 文件中，但条件是在当前系统中安装了用于创建该文档的应用程序。合并文件时，Acrobat 将把文档转换为 PDF 格式。

❷ 要调整页面在最终合并得到的 PDF 文件中的排列顺序，可在"合并文件"窗口中拖曳页面的缩略图。

❸ 在"合并文件"窗口中可预览或浏览文件，这提供了极大的方便，让用户能够确定是否要包含每个文件以及每个文件中的所有页面，还有要以什么样的顺序排列它们。

❹ PDF 包有多个优点。

- 可轻松地添加和删除文档，包括非 PDF 文件。
- 可快速预览其中的文件。
- 可独立地编辑 PDF 包中的文件。
- PDF 包将其包含的所有文件作为一个整体，让用户能够轻松地分享它们。
- 可在整个 PDF 包或各个文件（包括非 PDF 文件）中进行搜索。

第 9 课
添加签名和安全设置

本课概览

- 在保护模式下使用 Acrobat（仅 Windows）。
- 用口令保护文件，确保只有获得授权的人才能够打开它。
- 用口令保护文件，确保只有获得授权的人才能够打印或修改它。
- 使用 Acrobat Sign 将文档发送给他人签名。
- 在 Acrobat 中创建和使用数字 ID。

学习本课大约需要  分钟

可使用口令、证书和数字签名来确保 PDF 文档的安全。

9.1 PDF 文件保护概述

为了帮助用户保护 PDF 文档，Acrobat 提供了多款工具。可使用口令来保护 PDF 文件，禁止未经授权的用户打开、打印或编辑它。如果安装了 Acrobat 或订阅了 Creative Cloud，可使用 Acrobat Sign 将文档发送给他人进行数字签名。另外，可使用数字 ID 对 PDF 文档进行签名和验证，还可使用证书对 PDF 文档进行加密，确保只有获得授权的用户才能打开。如果要保存安全设置供以后使用，可创建存储安全设置的安全策略。在 Acrobat Pro 中，可使用"标记密文"功能将 PDF 文档中的敏感信息删除，这在第 5 课介绍过。

下面先来学习 Acrobat 和 Acrobat Reader 的保护模式（仅 Windows），再学习使用 Acrobat 的安全功能。

9.2 在保护模式下查看文档（仅 Windows）

在 Windows 系统中，Acrobat 和 Acrobat Reader 默认在保护模式（IT 专业人士称之为"沙箱保护"）下打开 PDF 文件。在保护模式下，所有进程都被限定在应用程序内，这让可能存在恶意的 PDF 文件无法访问计算机及其系统文件。

> 💡 注意　安装 Acrobat 时，并不会自动安装 Acrobat Reader。要安装 Acrobat Reader，可下载免费的安装程序。在安装了 Acrobat 的情况下，可能无法安装 Acrobat Reader。

仅当使用的是 Windows 操作系统时，才能完成本节的练习。

1. 在 Windows 系统中打开 Acrobat。
2. 选择"文件">"打开"，并切换到 Lesson09\Assets 文件夹。
3. 选择 Travel Guide.pdf 文件，单击"打开"按钮。

打开的 Travel Guide.pdf 文件如图 9.1 所示。在保护模式下，用户可访问 Acrobat（或 Acrobat Reader）的所有菜单和工具，但不能调用位于应用程序环境外的系统功能。

4. 选择"文件">"属性"。
5. 在"文档属性"对话框中单击"高级"标签。
6. 在对话框底部查看保护模式的状态，它默认为"打开"，如图 9.2 所示。

可随时通过查看"文档属性"对话框来确定文档是否在保护模式下。

7. 单击"确定"按钮关闭"文档属性"对话框，再关闭 Travel Guide.pdf 文件。

图 9.1

Adobe 强烈建议在保护模式下打开文档，但有些第三方插件在保护模式下可能无法正常工作。如果需要禁用保护模式，可选择"编辑">"首选项"，在"首选项"对话框的类别列表中选择"安全性（增强）"，然后取消选择"启动时启用保护模式"复选框。要让修改生效，需要重启 Acrobat（或 Acrobat Reader）。

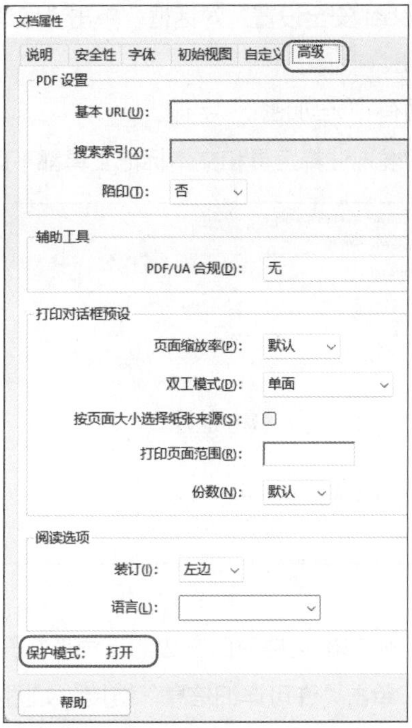

图 9.2

9.3 Acrobat 安全方法简介

要保护 PDF 文档，可采用下面任何一种安全方法。
- 添加口令，通过设置安全选项对打开、编辑和打印 PDF 文件进行限制。
- 对文档进行加密，确保只有特定用户才能访问它。
- 将 PDF 文件另存为已验证的文档。验证 PDF 文件时，将添加一个验证签名（可以是可见的，也可以是不可见的），让文档创建者能够限制他人对文档进行修改。
- 对 PDF 文件应用基于服务器的安全策略（例如，使用 Adobe LiveCycle Rights Management）。只想让他人在限定时间内访问 PDF 文件时，基于服务器的安全策略很有用。

> 注意 在 Acrobat 和 Acrobat Reader 中，可使用 FIPS 模式来限制可使用的数据保护措施——只能采用美国联邦信息处理标准（Federal Information Processing Standard，FIPS）140-2 批准的算法。在 FIPS 模式下，不能应用基于口令的安全策略，也不能创建自签名证书。有关这方面的详细信息，请参阅 Acrobat 帮助文档。

9.4 查看安全设置

打开应用了访问限制或其他安全设置的文档时，文档窗口左边的导览窗格中将出现"安全设置"按钮（🔒）。

❶ 启动 Acrobat，选择"文件">"打开"，切换到 Lesson09\Assets 文件夹，并打开 Sponsor_ secure.pdf 文件。如果出现"Acrobat 安全设置"对话框，单击"取消"按钮；如果出现"可信任证书更新"对话框，单击"确定"按钮。

❷ 在标题栏中，文件名后面有"（已加密）"字样。

❸ 打开"注释"工具栏，可发现注释工具和文本标记工具都不可用，如图 9.3 所示。

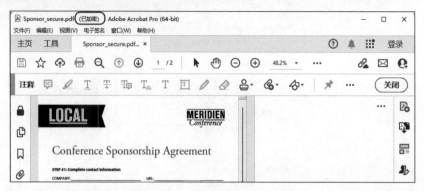

图 9.3

❹ 如果没有打开导览窗格，则单击文档窗口左边的三角形打开它。单击导览窗格中的"安全设置"按钮（🔒）以查看安全设置。单击"许可详细信息"链接（如图 9.4 所示）以查看更详细的信息。

弹出"文档属性"对话框，其中列出了各种操作以及是否允许执行它们。仔细阅读这个列表，将发现不允许添加注释，这就是相关工具呈灰色（不可用）的原因。在这个文档中，还不允许执行签名、打印、编辑等操作，如图 9.5 所示。

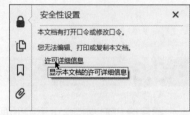

❺ 阅读完相关的信息后，单击"确定"按钮关闭"文档属性"对话框。

图 9.4

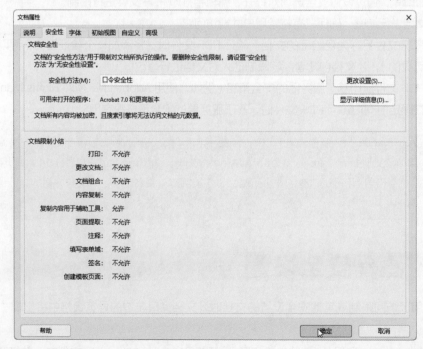

图 9.5

❻ 选择"文件">"关闭文件",将 Sponsor_secure.pdf 文件关闭。

9.5 给 PDF 文件添加安全设置

可在创建 Adobe PDF 文件时添加安全设置,也可后面再添加,甚至可给从他人那里收到的文件添加安全设置,只要文档创建者没有禁止修改安全设置。

下面添加口令保护,对以下方面进行限制:打开文档、修改安全设置。

9.5.1 添加口令

可添加两种口令来保护 Adobe PDF 文档。

文档打开口令要求用户打开文档时输入正确的口令。许可口令要求用户修改文档(包括打印文档、修改文档或做其他修改)时输入正确的口令。

> 💡 提示　只要知道口令,便可在平板电脑或手机上使用 Acrobat 来打开用口令保护和加密的 PDF 文件。有关这方面的详细信息,请参阅第 6 课。

下面对一个 Logo 文件进行保护,禁止任何人修改其内容,同时只允许获得授权的用户打开和使用这个文件。

❶ 选择"文件">"打开",切换到 Lesson09\Assets 文件夹,打开 Local_Logo.pdf 文件。

注意到导览窗格中没有"安全设置"按钮,这是因为没有对这个文档应用任何安全设置。

❷ 选择"文件">"另存为",将文件重命名为 Local_Logo1.pdf,并保存到文件夹 Lesson09\Finished_Projects 中。

❸ 在"工具"窗格中单击"保护"。

❹ 在"保护"工具栏中,单击"高级选项"并选择"1 使用口令加密",如图 9.6 所示。当 Acrobat 询问是否要修改这个文档的安全设置时,单击"是"按钮。

图 9.6

弹出"口令安全性 - 设置"对话框。

先设置兼容性等级,因为如果输入口令后再修改兼容性等级,可能需要重新输入口令。

❺ 确保在"兼容性"下拉列表中选择了"Acrobat X 和更高版本"。

> **注意** 如果认为有些文档查看者还在使用 Acrobat 6.0 或 Acrobat 7.0，请选择另外两个选项之一。但别忘了，在这种情况下使用的加密等级可能更低。

❻ 选择"要求打开文档的口令"复选框，再输入口令 Logo1234;^bg，如图 9.7 所示。

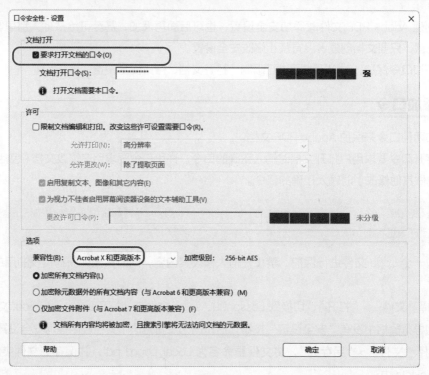

图 9.7

Acrobat 将对口令强度进行分级。同时包含大小写字母、数字、标点和符号时，口令的强度较高。另外，口令越长，就越不容易被别人猜到。如果文档保密至关重要，请使用强口令。可将口令告诉允许打开该文档的人。别忘了，口令是区分大小写的。

> **提示** 请务必将口令记录下来，并放在安全的地方。如果忘记口令，将无法使用文档。还可以在安全的地方存储未加密的文档备份。

下面来添加第二个口令：只有知道该口令的人，才能打印和编辑这个文件以及修改其安全设置。

❼ 在"许可"部分选择"限制文档编辑和打印。改变这些许可设置需要口令"复选框。

❽ 在"允许打印"下拉列表中选择"低分辨率（150dpi）"。可禁止打印、只允许低分辨率打印或允许高分辨率打印。

❾ 在"允许更改"下拉列表中选择"注释、填写表单域和签名现有的签名域"，让用户能够对 Logo 进行注释。可禁止所有更改、禁止部分更改或只禁止用户提取页面。

❿ 在"更改许可口令"文本框中输入 Logo5678;^bg，如图 9.8 所示。请注意，打开口令和许可口令不能相同。

⓫ 单击"确定"按钮让修改生效。

⓬ 在"确认文档打开口令"对话框中，再次输入打开口令 Logo1234;^bg，单击"确定"按钮。

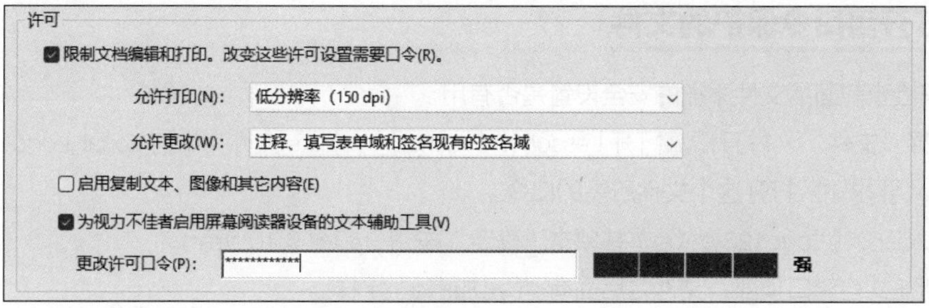

图 9.8

⑬ 阅读出现的警告对话框的内容。该警告对话框指出，有些第三方应用程序可能不遵守 PDF 文件的安全设置。单击"确定"按钮关闭警告对话框。

⑭ 在"确认文档许可口令"对话框中，再次输入许可口令 Logo5678;^bg，单击"确定"按钮，然后再次单击"确定"按钮关闭警告对话框。

保存文件后，对安全设置所做的修改才会生效。

⑮ 选择"文件">"保存"将所做的安全设置修改保存。

⑯ 单击导览窗格中的"安全设置"按钮，再单击"许可详细信息"链接，注意到前面设置的限制生效了，如图 9.9 所示。

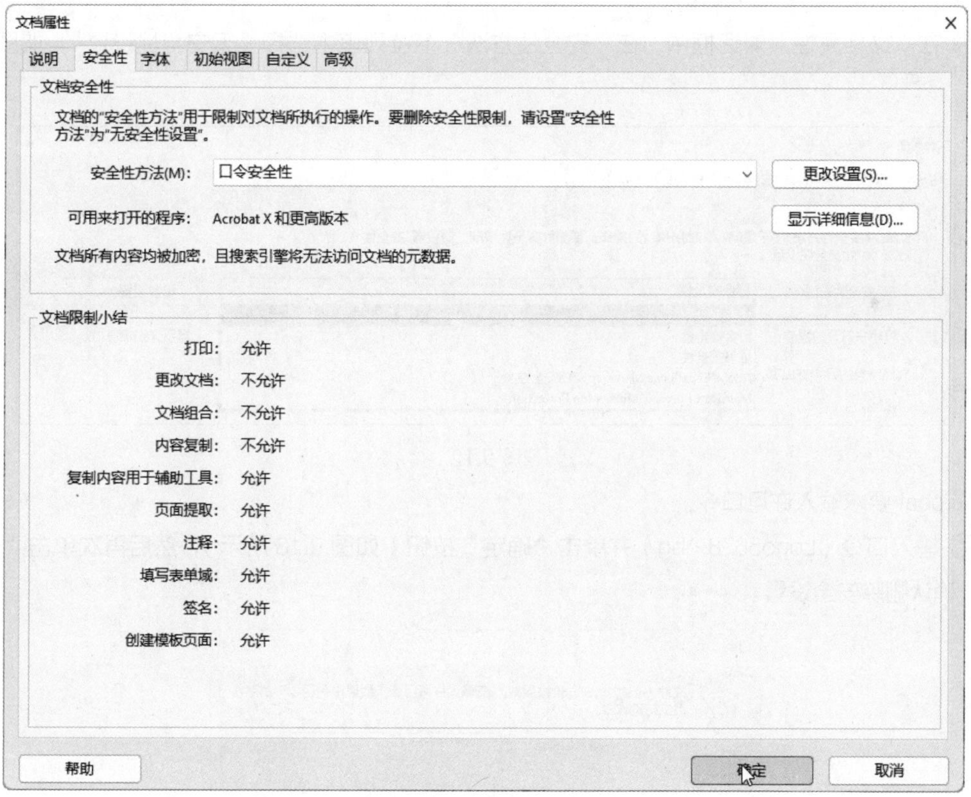

图 9.9

⑰ 单击"确定"按钮关闭"文档属性"对话框，再选择"文件">"关闭文件"将 Local_Logo1.pdf 文件关闭。

第 9 课　添加签名和安全设置　153

9.5.2 打开用口令保护的文件

下面来检查前面给文件添加的安全设置是否有用。

❶ 选择"文件">"打开",打开 Lesson09\Finished_Projects 文件夹中的 Local_Logo1.pdf 文件。Acrobat 要求输入打开这个文件所需的口令。

❷ 输入口令(Logo1234;^bg)并单击"确定"按钮,如图 9.10 所示。

注意到在文档窗口顶部,文件名后面有"(已加密)"字样。

下面来测试许可口令。

❸ 单击导览窗格中的"安全设置"按钮,再单击"许可详细信息"链接,如图 9.11 所示。

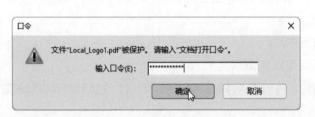
图 9.10

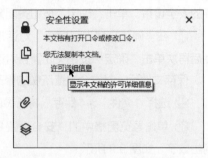
图 9.11

❹ 在"文档属性"对话框中,在"安全性方法"下拉列表中选择"无安全性设置",如图 9.12 所示。

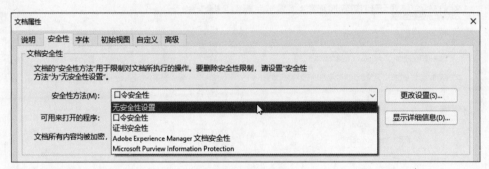
图 9.12

Acrobat 要求输入许可口令。

❺ 输入口令(Logo5678;^bg)并单击"确定"按钮(如图 9.13 所示),然后再次单击"确定"按钮,确认删除安全设置。

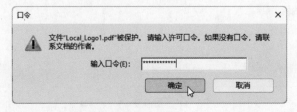
图 9.13

现在,所有的限制都解除了,如图 9.14 所示。

❻ 单击"确定"按钮关闭"文档属性"对话框。

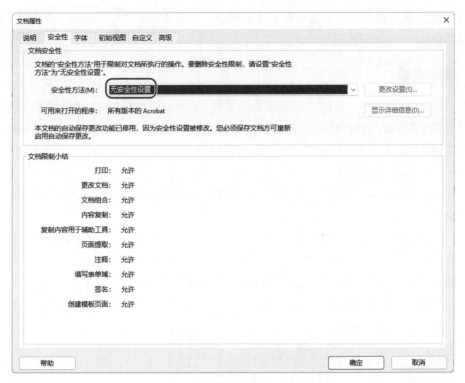

图 9.14

❼ 选择"文件">"关闭文件",将文件关闭但不保存所做的修改。由于没有保存所做的修改,下次打开这个文件时,口令保护依然有效。

9.6 数字签名简介

以电子方式在文档上签名有多个优点,其中最重要的一个是,可通过网络返回签名后的文档,而无须通过传真或快递返回。虽然以数字方式在文档上签名,并不一定能够禁止他人对文档进行修改,但可跟踪签名后所做的所有修改,并在必要时恢复到签名时的版本(要禁止他人修改文档,可给文档添加合适的安全设置)。

如果安装了 Acrobat 或订阅了 Creative Cloud,可使用 Acrobat Sign(前身为 Adobe Sign)在文档上签名或将文档发送给他人签名。使用 Acrobat Sign 可快速而轻松地完成电子签名。

还可使用证书在文档上签名。为此,需要从第三方提供商那里获取数字 ID,或者在 Acrobat 中创建数字 ID(自签名 ID)。数字 ID 包含私钥和证书,其中前者用于添加数字签名,而后者用于验证签名。

有关提供第三方数字 ID 和其他安全解决方案的 Adobe 安全合作伙伴的详细信息,请参阅 Adobe 官方网站中的相关信息。有关如何创建和使用自己的数字 ID,请参阅本课后面的"使用数字 ID"。

9.7 将文档发送给他人签名

要让他人以电子方式对文档进行签名,最简单的方式是使用 Acrobat Sign。下面先处理好文档，再将其发送给他人签名。如果有合作的同事，可将文档发送给他签名，但如果是独立工作，就需要有另外一个电子邮箱地址。

9.7.1 准备表单

如果没有事先对文档进行处理，Acrobat Sign 将在文档末尾添加签名域和电子邮箱地址，如果只想确认对方阅读了文档，这样做是完全可行的。然而，在大多数情况下，都要求在特定位置签名，还可能要求提供其他信息。下面来准备一个表单，其中包含供客户（GlobalCorp）和供应商（Custom Solutions）进行签名的标准签名块。

❶ 在 Acrobat 中选择"文件">"打开"，切换到 Lesson09\Assets 文件夹，并双击 Statement of Work.pdf 文件。

这是一份服务合同，其中的签名块位于最后一页，但不是表单域。下面准备好表单，再将文档发送给他人签名。

❷ 单击"工具"标签，再单击"准备表单"工具，如图 9.15（上）所示。

❸ 确保选择的文档为 Statement of Work.pdf，且选择了"此文档需要签名"复选框，再单击"开始"按钮，如图 9.15（下）所示。

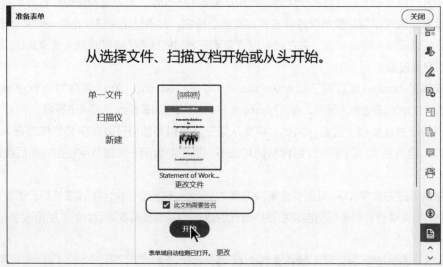

图 9.15

Acrobat 将打开"准备表单"工具栏，并对文档进行分析，找出文档中存在的表单域。

❹ 在 Acrobat 指出没有找到任何表单域的对话框中单击"确定"按钮。

❺ 切换到文档的第 4 页，其中有一些签名行。

❻ 在"准备表单"工具栏中选择"添加'签名'域"工具（ ）。

❼ 在 GlobalCorp 的 Signature 行上方按住鼠标左键并拖曳，创建一个签名表单域。

❽ 确保在"此域签名者"下拉列表中选择了"签名者"，如图 9.16 所示。

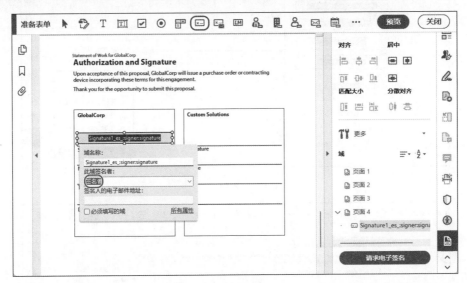

图 9.16

如果在"此域签名者"下拉列表中选择了"发件人"或某个"签名者"选项，表单域将变成 Acrobat Sign 域；如果选择的是"任何人"，Acrobat Sign 将无法识别该表单域。还可指定签名者的电子邮箱地址。

❾ 在"准备表单"工具栏中选择"添加'姓名'域"工具（ ），在 GlobalCorp 的 Name 行上方按住鼠标左键并拖曳，创建一个表单域，并确保在"此域签名者"下拉列表中选择了"签名者"。

❿ 在"准备表单"工具栏中选择"添加'职务'域"工具（ ），在 GlobalCorp 的 Title 行上方按住鼠标左键并拖曳，创建一个表单域，并确保在"此域签名者"下拉列表中选择了"签名者"。

收件人在签名行上签名时，Acrobat Sign 不仅会自动在姓名域中填上签名者的姓名，还会自动在日期域中填写当前日期。

⓫ 在"准备表单"工具栏中选择"添加'日期'域"工具（ ），在 GlobalCorp 的 Date 行上方按住鼠标左键并拖曳，创建一个表单域，并确保在"此域签名者"下拉列表中选择了"签名者"，如图 9.17 所示。

创建了供 GlobalCorp 签名的表单域后，创建供 Custom Solutions 签名的表单域。由于文档由 Custom Solutions 发送，因此需要在"此域签名者"下拉列表中选择"发件人"。

⓬ 选择"添加'签名'域"工具，在 Custom Solutions 的 Signature 行上方按住鼠标左键并拖曳，创建一个表单域。

⓭ 在"此域签名者"下拉列表中选择"发件人"，可能需要向上滚动列表才能看到这个选项。

⓮ 使用"添加'姓名'域"工具、"添加'职务'域"工具和"添加'日期'域"工具创建其余的表单域，并在"此域签名者"下拉列表中选择"发件人"，如图 9.18 所示。

第 9 课 添加签名和安全设置 157

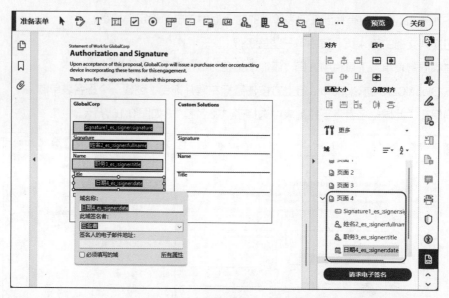

图 9.17

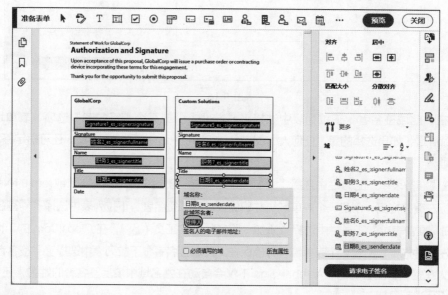

图 9.18

9.7.2 发送文档

所有表单域都创建好,并能够被 Acrobat Sign 识别后,便可发送文档了。下面将它发送给另一个人,让他代表 GlobalCorp 签名,并将其发送给你自己,由你代表 Custom Solutions 签名。在 Acrobat Sign 对话框中输入电子邮箱地址后,Acrobat Sign 将按输入顺序将文档发送给每个地址。也就是说,首先将文档发送给第一个人签名,第一个人签名后,文档(包括第一个人的签名)将被发送给第二个人签名,依此类推。

❶ 单击右边窗格中的"请求电子签名"按钮,如图 9.19 所示。

❷ 输入要最先签名的那个人的电子邮箱地址,并按 Enter 键。在这里,请使用同事的电子邮箱地址或你的另一个电子邮箱地址。这个人将被提醒在为签名者指定的表单域中签名。

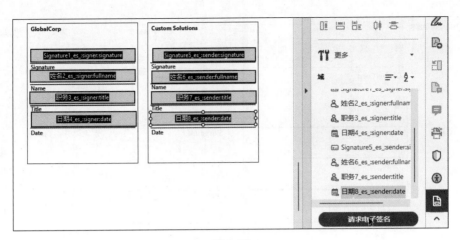

图 9.19

> **注意** Acrobat 会将输入的地址同地址簿中的地址进行比较。如果没有找到输入的地址，它可能会提示用户再次输入。在这种情况下，请单击刚才输入的地址。

❸ 在第一个签名者的电子邮箱地址后面，输入发送文档时将使用的电子邮箱地址。这个电子邮箱地址必须是与你的 Adobe ID 相关联的。你将被提示在为收件人指定的表单域中签名。

❹ 如果愿意，可自定义邮件的主题和正文，再单击"指定签名位置"按钮，如图 9.20 所示。

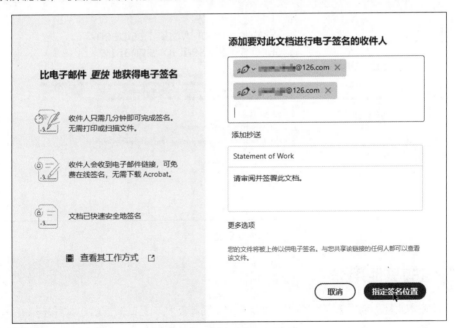

图 9.20

Acrobat 使用 Acrobat Sign 将文档发送给收件人签名。

❺ 滚动到第 4 页，核实表单域正确无误。

❻ 单击"发送"按钮，如图 9.21 所示。

Acrobat Sign 将提示已发送文档以供签名（如图 9.22 所示）。Acrobat Sign 还会给你发送电子邮件，提示已发送文档以供签名。所有人都签名后，各方都将收到最终的副本。

第 9 课 添加签名和安全设置 159

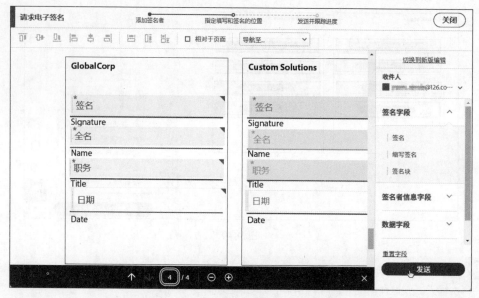

图 9.21

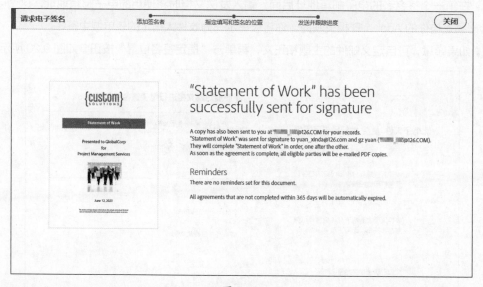

图 9.22

电子签名的其他用途

有多种签署文档和请求签名的方式。可使用"填写和签名"工具来签名并填写并非由 Acrobat 表单域组成的表单；使用 Acrobat 在线版可将类似的文档发送给多个人签名；还可使用 Acrobat Sign 请求在签名的同时付款。

使用"填写和签名"工具

使用"填写和签名"工具可填写并非由 Acrobat 表单域构成的表单，并可在文档的任何地方签名。签署法律文件时，应该使用 Acrobat Sign 或数字 ID 来签名。但签署授权单或其他不那么正规的文档时，"填写和签名"工具提供了极大的灵活性——无须创建表单域。

要使用这个工具签署文档，可在"工具"窗格中单击"填写和签名"，如图 9.23 所示。然后在"填写和签名"工具栏中单击"自行签名"，并选择"添加签名"或"添加缩写签名"（或选择你的签名或缩写签名，如果在 Acrobat 中存储了它们），如图 9.24 所示。如果没有事先存储好的签名，则需要键入签名，还可更改签名的样式、绘制签名或导入扫描得到的签名图像。创建好签名后，单击"应用"按钮。此时鼠标指针将变成指定的签名，只需在要签名的地方单击就可完成签名。

图 9.23　　　　　　　　　　图 9.24

要填写其他表单域，可选择"填写和签名"工具栏中的"添加文本"工具，在要填写的地方单击，再输入内容。输入完毕后，在文本框外单击即可让输入生效。

要在移动设备上使用这款工具，可下载移动端 Adobe Fill & Sign。在手机和平板电脑中，可使用触控笔或手指创建签名。

9.7.3　在文档上签名

Acrobat Sign 给指定的第一个地址发送邮件。下面先以签名者的身份填写表单，再以发送者的身份填写表单。

❶ 登录输入的第一个邮箱地址（GlobalCorp 代表的邮箱地址）对应的账户（如果使用的是同事的电子邮箱地址，请他帮忙登录）。

❷ 打开标题为"Signature requested on Statement of Work"的邮件。

❸ 阅读该邮件，再单击"Review and sign"按钮，如图 9.25 所示。

此时将在默认浏览器中打开 Acrobat Sign。

❹ 如果出现系统提示，请退出 Acrobat Sign，再单击邮件中的链接，以签名者的身份打开文档。

❺ 单击带"开始"字样的蓝色箭头（如图 9.26 所示），跳至需要填写的第一个表单域。

❻ 单击 GlobalCorp 列的表单域 Signature，如图 9.27 所示。

弹出一个能够创建签名的对话框。

图 9.25

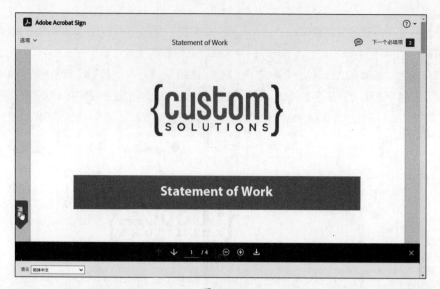

图 9.26

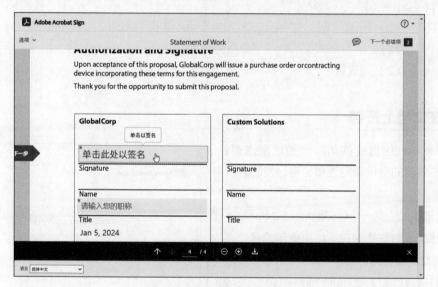

图 9.27

❼ 输入姓名，如图 9.28 所示。如果想要让签名像是手写的，单击"绘制"，再使用触控笔、绘图板或触摸屏签名，如图 9.29 所示。也可在移动设备上创建签名。如果要将图像用作签名，可单击"图像"，如图 9.30 所示（在这种情况下，可使用手写签名的图像）。对签名满意后，单击"应用"按钮。

图 9.28　　　　　　　　　　　　　　　　图 9.29

在创建签名的对话框中，无论是选择"键入""绘制"还是"图像"，都必须输入姓名，以便在 Acrobat Sign 事务中将其记录下来。Acrobat Sign 将自动用输入的姓名填充表单域 Name。

❽ 如果没有自动填写表单域 Title，就在其中输入职务（如果创建了包含职务的配置文件，Acrobat Sign 将自动填写该职务）。

❾ 单击屏幕底部的"单击以签名"按钮，如图 9.31 所示。

图 9.30

图 9.31

第一个人签名后，Acrobat Sign 会把文档发送给第二个邮箱地址，即发送者（也就是你自己）的邮箱地址。

❿ 登录发送文档时使用的邮箱地址（与 Adobe ID 关联的邮箱地址）。

⓫ 打开标题为"Your signature is required on Statement of Work"的邮件。

这封邮件的标题与刚才打开的邮件的标题不同，因为它是发送给发送者的。

⓬ 在邮件中单击 Click Here To Review And Sign Statement of Work。

⓭ Acrobat Sign 将打开文档。单击带"开始"字样的蓝色箭头。

在这个文档中，GlobalCorp 列的表单域已填写好，当前处于活动状态的是 Custom Solutions 列的表单域。

⓮ 重复第 6 ~ 9 步，填写 Custom Solutions 列的表单域并提交签名后的文档。

Acrobat Sign 将向各方发送邮件，指出文档已签署并存档，同时将签好字的最终文档作为邮件附件。

⓯ 关闭打开的所有文档，再关闭 Acrobat。

第 9 课 添加签名和安全设置 163

使用数字 ID

要以电子方式对文档进行签名，使用 Acrobat Sign 通常是最为安全且方便的方法。然而，也可使用证书和数字 ID 以电子方式对 PDF 文件进行签名，这种方法还让用户能够验证 PDF 文件的内容。

数字 ID 类似于驾照和护照，可用于向以电子方式与你交流的人证明身份。数字 ID 通常包含姓名与电子邮箱地址、签发数字 ID 的公司的名称、序列号和有效期。数字 ID 让你能够创建数字签名，以及对加密的 PDF 文档进行解密。可创建多个数字 ID，用于表示你在生活中扮演的不同角色。

有了自签名 ID 后，就可使用公开的证书与其他用户共享签名信息（证书用于确认数字 ID，包含用于保护数据的信息）。对大多数非正式交换来说，这种方法足够了，但更安全的方法是使用从第三方提供商那里获得的数字 ID。

在 Acrobat 中创建自签名数字 ID 时，可在"首选项"对话框的"签名"中设置数字签名的外观、选择默认的签名方法、指定如何验证数字签名。还可通过设置首选项来优化 Acrobat，使其在打开签名的文档前对签名进行验证。

创建数字 ID

要创建数字签名和数字 ID，可参考下面的步骤。

❶ 选择"编辑">"首选项"（Windows）或"Acrobat">"首选项"（macOS），再在"首选项"对话框左边的类别列表中选择"签名"。

❷ 在对话框的"创建和外观"部分单击"更多"按钮。在"创建和外观首选项"对话框的"外观"部分单击"新建"按钮。

❸ 通过添加图形并指定要显示的信息来自定义数字签名，如图 9.32 所示。

图 9.32

❹ 对数字 ID 的外观满意后，单击"确定"按钮。再次单击"确定"按钮返回"首选项"对话框。

❺ 在"首选项"对话框的"身份与可信任证书"部分单击"更多"按钮。在弹出的"数字身份证和可信任证书设置"对话框左边的窗格中选择"数字身份证",再单击添加 ID 按钮。

❻ 在"添加数字身份证"对话框中选择"我要立即创建的新数字身份证"单选按钮,单击"下一步"按钮,选择数字 ID 的存储位置(仅 Windows),并输入个人信息。选择安全等级(密钥算法)以及要如何使用数字 ID(如签名和数据加密)。单击"下一步"按钮,设置口令,再单击"完成"按钮保存数字 ID 文件。关闭"数字身份证和可信任证书设置"对话框,再关闭"首选项"对话框。

使用数字 ID 以数字方式签署文档

要使用数字 ID 签署文档,可参考以下步骤。

❶ 在工具中心的"表单和签名"部分单击"证书"。

❷ 在"证书"工具栏中单击"数字签名",再在页面中按住鼠标左键并拖曳以创建一个签名域。

❸ 如果出现提示对话框,单击"签名"按钮,再选择要使用的数字 ID,并单击"继续"按钮。输入口令,选择一种签名外观,并输入其他必要的信息(如签名的原因)。

❹ 单击"签名"按钮添加签名,再单击"保存"按钮保存签名后的文件。单击"是"或"替换"按钮替换原来的文件。

为确认签名是否有效,在导览窗格中打开"签名"面板,再依次展开签名行和"签名的详细信息"。

验证 PDF 文件

还可验证 PDF 文档的内容,这在要让用户能够对文档做获得批准的修改时很有用。验证文档后,如果用户所做的修改是获得批准的,验证将依然有效。可验证表单,以确保用户收到表单时,其内容是有效的。表单的创建者可指定用户可执行哪些操作。

例如,可指定用户可填写表单域,而不会导致文档无效。然而,如果用户添加或删除表单域或页面,将导致验证无效。

要验证 PDF 文件,可参考如下步骤。

❶ 单击"工具"标签,并打开"证书"工具栏。

❷ 在"证书"工具栏中单击"验证(可见签名)"。在弹出的对话框中单击"拖动新签名矩形"按钮,再在"另存为已验证的文档"对话框中单击"确定"按钮。

❸ 在文档的任何位置拖曳鼠标,以创建一个签名域,再选择要使用的数字 ID。单击"继续"按钮,输入口令,选择一种签名外观,并输入其他额外信息。在"允许在验证后执行的操作"下拉列表中选择一个选项,单击"审阅"按钮查看有关内容的警告,再依次单击"确定"按钮和"签名"按钮。

打开已验证的文档时,将在消息栏左侧看到一个"验证"图标。可随时单击这个图标,以查看有关文档的验证信息。

有关创建与使用数字 ID、共享证书和验证 PDF 文件的详细信息,请参阅 Acrobat 帮助文档。

9.8 复习题

❶ Acrobat Sign 是什么？
❷ 为何要对 PDF 文件应用口令保护？
❸ 为何要对 PDF 文件应用许可保护？

9.9 复习题答案

❶ Acrobat Sign 是一款电子签名服务，让个人和企业能够快速而安全地签署文档。如果安装了 Acrobat 或订阅了 Creative Cloud，可使用 Acrobat Sign 将文档发送给他人签名，以及跟踪和管理这些文档。

❷ 如果文档是机密的，不希望所有人都能阅读，可应用口令保护。这样，只有知道口令的用户才能打开这个文档。

❸ 许可保护限制了用户能够以什么样的方式使用或重用 Adobe PDF 文件的内容。例如，可指定用户不能打印文件的内容，也不能复制文件的内容。许可保护让文件创建者能够共享文件的内容，同时控制文件内容的使用方式。

第 10 课
Acrobat 在文档审阅中的应用

本课概览

- 探索多种使用 Acrobat 审阅文档的方式。
- 使用 Acrobat 注释和标记工具注释 PDF 文档。
- 查看、回复、搜索和总结文档注释。
- 导入注释。
- 发起共享审阅。
- 比较文档的不同版本（仅 Acrobat Pro）。

学习本课大约需要 **60** 分钟

Acrobat 提供了强大的注释工具和协作功能，让利益相关方能够高效地审阅文档并轻松地提供反馈。

第 10 课　Acrobat 在文档审阅中的应用　167

10.1 审阅流程

Acrobat 提供了多种文档审阅方式。不论使用哪种方式,其工作流程都包含一些重要的环节:审阅发起人邀请参与者并将文档提供给他们,审阅者进行注释,审阅发起人收集并处理注释。

可使用电子邮件、网络服务器、网站等多种方式共享 PDF 文档,并邀请他人使用 Adobe Reader 或 Acrobat 进行注释。如果张贴文档或通过电子邮件发送文档,需要追踪返回的注释并手动合并它们。如果仅要求一两个审阅者给予反馈,这可能是最有效的工作方式。然而,在大多数情况下,采用共享审阅流程可更高效地收集注释。另外,在共享审阅流程中,审阅者能够看到其他审阅者的注释并做出回复。

在 Acrobat 中发起基于电子邮件的审阅时,会将 PDF 文件作为电子邮件附件发送,并追踪回复和管理注释。收件人可使用 Acrobat 或 Acrobat Reader 给 PDF 文件添加注释。

在 Acrobat 中发起共享审阅时,会将 PDF 文件发送到 Adobe 云存储、网络文件夹、WebDAV 文件夹、SharePoint 或 Office 365 网站,再通过电子邮件将邀请函发送给审阅者,而审阅者可使用 Acrobat 或 Acrobat Reader 访问共享文档、添加注释及阅读他人的注释。

10.2 审阅前的准备工作

本课将给 PDF 文档添加注释、查看和管理注释以及发起共享审阅。顾名思义,协作要求与他人一起工作,因此如果与一个或多个同事或朋友协作,本课的很多练习将更有意义。然而,如果是单独工作,也可使用不同的电子邮箱地址来完成这些练习,电子邮箱地址可在一些 Web 服务中免费注册。有关如何使用电子邮箱账户,请参阅相关网站的协议许可信息等。

首先,打开要处理的文档。

❶ 在 Acrobat 中选择"文件">"打开"。

❷ 切换到 Lesson10\Assets 文件夹,并双击 Profile.pdf 文件。

❸ 在"工具"窗格中单击"注释"工具,结果如图 10.1 所示。

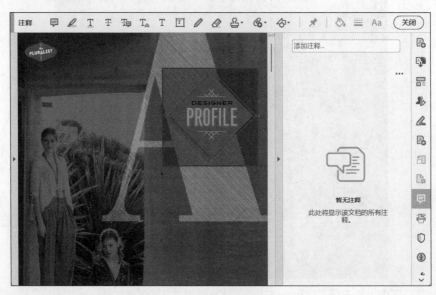

图 10.1

10.3 给 PDF 文档添加注释

只要 PDF 文档没有禁止注释的安全设置，就可在其中添加注释。在大多数情况下，都使用注释功能向文档作者提供反馈，阅读文档时使用注释功能添加注释也很有用。Acrobat 提供了多个注释工具，如附注工具和高亮文本工具。

下面的练习将使用注释工具在一篇介绍时装设计师的文章中添加反馈信息。

10.3.1 注释工具简介

Acrobat 提供了多种注释和标记工具，用于完成不同的注释任务。大多数注释包括两部分：页面上的标记或图标、用户选择注释时出现的文本消息。单击"注释"工具后，注释和标记工具将出现在"注释"工具栏中。有关如何使用这些工具的详细信息，请参阅 Acrobat 帮助文档。

> 提示 在平板电脑和手机上，可使用 Acrobat Reader 给 PDF 文件添加注释。有关这方面的更详细信息，请参阅第 6 课。

- 附注工具（💬）：用于创建附注。要创建附注，可在希望它出现的地方单击并输入具体内容。在要对整个文档或部分文档而不是特定短语或句子做注释时，附注工具很有用。
- 高亮文本工具（✏）：让文本高亮显示。要添加注释，可单击高亮显示的文本。
- 下画线工具（T）：用于给文本添加下画线。
- 删除线工具（T）：用于给文本添加删除线。
- 替换文本工具（Tp）：指出要替换的文本，并指定用于替换的文本。
- 插入文本工具（T）：在插入点添加文本。与所有文本注释工具一样，插入的文本不会影响 PDF 文档中的文本，但可以清晰地表达意图。
- 添加文本工具（T）：用于添加将直接出现在页面上的文本。与添加其他注释一样，不会修改文档本身。可移动这样添加的文本，但无法隐藏它们。
- 添加文本框工具（▯）：创建包含文本的文本框，可将其放在页面的任何位置，并随意调整其大小，但它始终可见。
- 铅笔工具（✏）：在页面上随意地绘制线条和形状。
- 橡皮擦工具（⌫）：擦除已绘制的线条或形状。
- 图章工具（⛉）：使用虚拟橡皮图章批准文档、将文档标记为机密或执行其他几种常见的盖章任务。还可根据需要创建自定义图章。

> 提示 要创建自定义图章，可单击图章工具并选择"自定义图章">"创建"，再选择要用作图章的图像。

- 添加附件工具（📎）：将任何格式的文件附加到 PDF 文档。
- 录音工具（🔊）：隐藏在添加附件工具后面，用于通过录音来提供反馈。要录音，系统必须有内置或外置麦克风。
- 绘图工具（✍）：突出页面中特定的区域，或以可视化方式表达想法，在审阅图形文档时很有用。可使用的绘图工具包括线条工具（━）、箭头工具（➡）、矩形工具（▭）、椭圆工具（◯）、文本标注工具（🗨）、多边形工具（⬡）、云朵工具（☁）和连接线条工具（⬠）。可展开绘图工具，让所有绘图工具都直接出现在"注释"工具栏中。

> **注意** 使用文本标注工具能够指出要注释的区域而不遮住它。标注包含3部分：文本框、膝线和端点线。拖曳每部分的手柄可调整其大小，并将其放到合适的位置。

> **Acrobat Reader 中的注释工具**
>
> 移动端 Acrobat Reader 提供了以下注释和标记工具：附注工具、高亮文本工具、删除线工具、下画线工具和铅笔工具等。以共享方式审阅 PDF 文件时，将在 Web 浏览器中打开 Acrobat，其中包含的注释工具与移动端 Acrobat Reader 中的相同。

10.3.2 添加附注

可在文档的任何位置添加附注。由于附注可被轻松地移动，所以最适合用于注释文档的总体内容或布局，而不是具体的短语。下面在文档的首页添加附注。

❶ 在"注释"工具栏中选择附注工具。

❷ 在第1页的任意位置单击。

此时将在单击的位置添加一个附注。在右边的窗格中，将自动显示在 Acrobat "首选项"对话框的"身份信息"部分指定的登录名，还有当前时间。

❸ 输入 Looks good so far. I'll look again when it's finished，如图 10.2 所示。

图 10.2

❹ 在显示附注内容的区域单击鼠标右键或按住 Control 键并单击，再选择"属性"，如图 10.3 所示。

❺ 单击"外观"标签，再单击"颜色"色板，如图 10.4 所示。

❻ 选择一种蓝色色板（在 macOS 中，会打开"颜色"对话框，选择颜色后需要关闭这个对话框），如图 10.5 所示。附注将自动变色。

> **提示** 也可使用"注释"工具栏中的工具修改注释的颜色、线条粗细和文本属性。

图 10.3

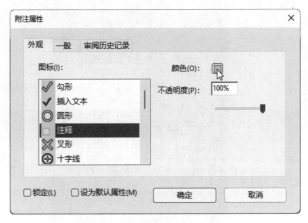

图 10.4

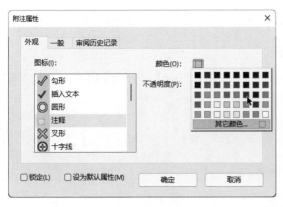

图 10.5

❼ 单击"一般"标签，再在"作者"文本框中输入 Reviewer A，如图 10.6 所示。

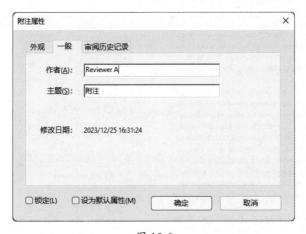

图 10.6

可修改附注的作者名。如果使用的是别人的计算机，可能需要这样做。

❽ 单击"确定"按钮。

附注的内容显示在右边的窗格中。要在文档窗口中查看附注的内容，可将鼠标指针移到附注图标上，如图 10.7 所示。

第 10 课 Acrobat 在文档审阅中的应用 171

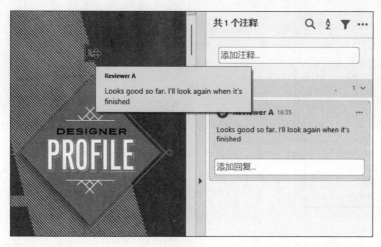

图 10.7

10.3.3 突出显示文本

使用高亮文本工具可突出显示文档中特定的文本。让文本高亮显示后，还可添加注释。下面使用高亮文本工具在该文档中添加一条注释。

❶ 滚动到文档的第 3 页。

❷ 在"注释"工具栏中选择高亮文本工具。

❸ 选择该页第 2 段末尾的 ital.，这些文本将呈黄色显示。

❹ 注释列表中将出现一个注释框。

❺ 在注释框中输入 bad line break。

❻ 单击"发布"按钮保存注释，如图 10.8 所示。

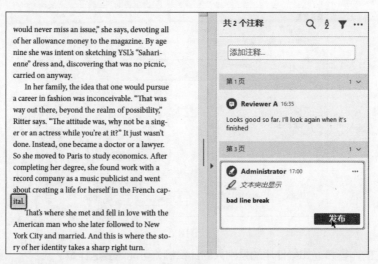

图 10.8

10.3.4 标记文本编辑

使用文本编辑工具可清楚地指出应删除、插入或替换的文本。下面对这个文档提出一些修改建议。

❶ 滚动到文档的第 2 页。

❷ 在"注释"工具栏中选择替换文本工具。

❸ 选择该页开头的单词 Self reinvention。

这些单词将带删除线，并出现一个插入点，同时在注释列表中出现了一个新的注释框。

❹ 在这个注释框中输入 Self-reinvention，用于替换原始文本，再单击"发布"按钮，如图 10.9 所示。

图 10.9

❺ 在"注释"工具栏中选择插入文本工具，再在右边一栏中最后一段的 dress 后面单击，在这个位置添加一个插入点。

原始文本中将出现一个插入点图标，注释列表中将出现一个新的注释框。

❻ 输入连字符（-），表示应在文本中插入一个连字符，再单击"发布"按钮，如图 10.10 所示。

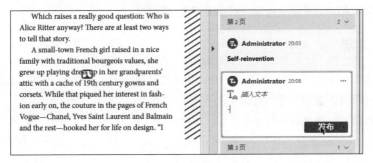

图 10.10

❼ 在"注释"工具栏中选择删除线工具。

❽ 选择右边一栏中第 2 段的 Which raises a really good question:。

选定文本中间将出现一条红线，表示应将它们删除，如图 10.11 所示。

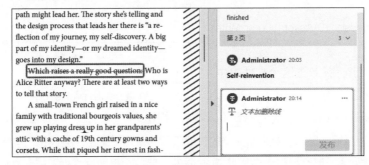

图 10.11

⑨ 切换到第 5 页，再选择下画线工具。

⑩ 选择左边一栏中的单词 French，这个单词将带下画线。

⑪ 如果注释列表中没有出现相应的注释框，请双击文档窗口中带下画线的区域，再在注释框中输入 Country Name，并单击"发布"按钮，如图 10.12 所示。

图 10.12

⑫ 选择"文件">"另存为"，将文件重命名为 Profile_review.pdf，并保存到 Lesson10\Finished_Projects 文件夹中。

10.4　处理注释

可在页面上、列表或小结中查看注释，还可导入、导出、搜索和打印注释。参与共享审阅时，可回复注释；在基于电子邮件的审阅中，需要将 PDF 文件发回给审阅者。本节将导入审阅者的注释、对注释进行排序、显示和隐藏注释、搜索注释以及修改注释的状态。

10.4.1　导入注释

进行共享审阅时，注释会被自动导入，但如果是进行基于电子邮件的审阅或非正式地收集反馈，就需要手动导入注释。下面将 3 位审阅者所添加的注释导入本课的设计师简介文档中。

❶ 在依然打开了 Profile_review.pdf 文件的情况下，查看右边窗格中的注释。注意到这个文档中只包含前面添加的注释。

❷ 在右边的窗格中，单击选项菜单按钮（•••），并选择"导入数据文件"，如图 10.13 所示。

❸ 切换到 Lesson10\Assets\Comments 文件夹。

图 10.13

❹ 按住 Shift 键，并单击这个文件夹中的全部文件以选择它们：profile_Art_Director.pdf、profile_Linda.pdf 和 profile_Stan.fdf。

❺ 单击"打开"（Windows）或"选择"（macOS）按钮。

❻ 如果出现消息框，显示注释来自文档的其他版本，单击"确定"或"是"按钮。

在上述 3 个文件中，两个是包含注释的 PDF 文件，另一个是数据文件（FDF 文件），包含审阅者导出的注释。

　　Acrobat 将导入这些文件中的注释，并在注释列表中显示它们，如图 10.14 所示。

> **提示**　审阅者可将注释导出到数据文件（扩展名为 .fdf）以减小文件大小，在需要通过电子邮件提交注释时尤其应该这样做。要导出注释，可在选择了"注释"工具的情况下，在右边窗格的选项菜单中选择"导出所有注释到数据文件"或"导出选定注释到数据文件"。

10.4.2　查看注释

　　注释列表包含文档中所有的注释，包括注释者的姓名、注释类型以及注释本身。

❶ 滚动注释列表。默认情况下，注释列表中的注释按其所在页面排序。

❷ 单击注释列表上方的"排序注释"按钮（），并选择"作者"。

Acrobat 将根据作者名按字母顺序重新排列注释，如图 10.15 所示。

图 10.14

图 10.15

❸ 单击 Art Director 添加的与连字符（hyphen）相关的注释，Acrobat 将切换到它所在的页面，以便查看上下文。

❹ 在这个注释的注释框中，在选项菜单中选择"添加勾形"，结果如图 10.16 所示。

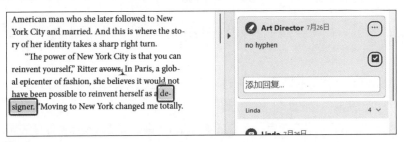

图 10.16

可通过添加对钩符号表示已阅读过注释、对注释进行了回复、与其他审阅者进行了讨论或做其他说明。

❺ 单击注释列表上方的"筛选注释"按钮（ ），选择"未标记"，再单击"应用"按钮，如图 10.17 所示。

刚才添加了对钩符号的注释已不在列表中，但保留在文档中。审阅者可使用"筛选注释"选项来清理注释列表，从而只显示要处理的注释：只显示文本编辑、只显示特定审阅者的注释或用特定颜色标记的注释。

❻ 再次单击"筛选注释"按钮，再单击"全部清除"。

此时将列出所有的注释。

❼ 单击注释列表上方的"搜索注释"按钮（ ），再在搜索文本框中输入 logo。

此时将只列出一条注释：唯一一条包含单词 logo 的注释。可使用搜索文本框在注释中搜索任何文本。

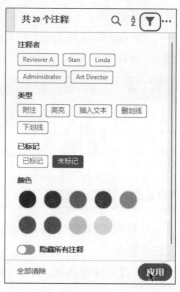

图 10.17

❽ 选择这条注释，它下方将出现一个回复文本框。

❾ 在回复文本框中输入 Legal says the logo is required, per Janet.，再单击"发布"按钮，如图 10.18 所示。你的登录名将出现在该回复旁边，同时回复内容是缩进的，以表示它与注释的关系。

图 10.18

> **注意** 仅当进行共享审阅或通过电子邮件将保存的 PDF 文件发送给审阅者时，审阅者才能看到你的回复。

❿ 在依然选择了这条注释的情况下，在注释内容上单击鼠标右键或按住 Control 键并单击，再选择"设置状态">"已完成"，如图 10.19 所示。

可设置每条注释的状态，以方便自己查看注释或告诉审阅者其注释是如何处理的。

⓫ 关闭当前文档。如果愿意，可保存所做的修改。

> **创建注释小结**
>
> 可创建注释小结，它可以只包含注释列表，也可以是包含注释的文档。单击注释列表上方的选项菜单按钮，并选择"创建注释小结"。在"创建注释小结"对话框中，设置注释小结的页面布局和其他选项，再单击"创建注释小结"按钮。Acrobat 将创建一个独立的 PDF 文件并打开它，该文件采用了指定的注释小结布局。可在屏幕上查看注释小结，如果喜欢纸质版，也可将其打印出来。

图 10.19

10.5 发起共享审阅

在共享审阅中，会将 PDF 文件上传到公用服务器（如 Adobe 云存储），所有注释都将自动合并到 PDF 文件的审阅版中，因此所有参与者都可查看和回复其他人的注释。共享审阅是一种高效的方式，让审阅者能够在审阅过程中解决冲突、确定需要进一步研究的地方及制定创造性解决方案。

为发起共享审阅，至少需要邀请一人参与。如果是单独工作，可能需要使用免费的 Web 服务再申请一个电子邮箱地址。

10.5.1 邀请审阅者

下面邀请审阅者对文档进行注释。在此过程中，文件将被上传到 Adobe 云存储，让受邀的审阅者能够访问它。

❶ 确定要邀请哪些人参与审阅，并确保你有他们的电子邮箱地址。如果是单独工作，再申请一个电子邮箱地址，并将邀请函发送到这个地址。

❷ 选择"文件">"打开"。

❸ 切换到 Lesson10\Assets 文件夹，并双击 Registration.pdf 文件。

❹ 单击工具栏中的"与他人共享"图标（ ）。

❺ 在"与他人共享"对话框中，输入一个电子邮箱地址并按 Enter 键。可在这里输入多个电子邮箱地址。要访问地址簿，可单击电子邮箱地址文本框中的"地址簿"按钮。

也可不在这里输入电子邮箱地址，而通过电子邮件将指向文件的链接发送给审阅者。例如，如果要邀请订阅了某个邮件列表的人（这样的人很多）进行注释，更高效的做法是将链接发送到该邮件列表。为此，可单击工具栏中的"共享链接"图标，确保启用了"允许添加注释"，再单击"创建链接"按钮。等 Acrobat 将 PDF 文档上传到 Adobe 云存储后，单击"复制共享链接"按钮，再将复制的链接粘贴到电子邮件中。创建链接后，可通过单击"共享链接"图标来访问它。在共享审阅中，不需要创建链接。

❻ 确保启用了"允许添加注释"。

❼ 如果愿意，输入要发送给审阅者的邮件内容。

如果要给审阅者设置截止日期，可单击"添加截止日期"并选择一个日期，然后确定是否要发送提醒消息。在这个练习中，不需要设置截止日期。

❽ 单击"发送"按钮，如图 10.20 所示。

Acrobat 将把文档复制到 Adobe 云存储，并使用默认电子邮箱程序向审阅者发送邮件。文档将与云存储中的文档同步。同时 Acrobat 将显示一个列表，其中包含你与之共享了该文档的人员，还将显示一系列选项，用于添加其他人员、不再共享链接以及下载文档副本（以便离线处理）。

❾ 在 Acrobat 中关闭这个 PDF 文件。

图 10.20

以电子邮件附件的方式发送 PDF 文件

可以不通过 Adobe 云存储共享 PDF 文件，而以电子邮件附件的方式将其发送给审阅者。为此，可单击工具栏中的"通过电子邮件发送文件"图标，选择一个电子邮箱应用程序，取消选择"作为链接发送"，再单击"下一步"按钮，通过电子邮箱账户发送邮件。在基于电子邮件的审阅中，需要手动收集并合并注释。

10.5.2 参与共享审阅

在这个练习中，你或你的同事将参与共享审阅，给文档添加注释。

> 注意 使用自己的另一个电子邮箱地址时，Acrobat 可能意识到它关联到了你的 Creative Cloud 账户，进而意识到你是在注释自己的文档。

❶ 如果是独自工作，打开发送给自己的另一个电子邮箱地址的邀请函；如果是与同事或朋友合作，让他打开你发送的电子邮件邀请函，并执行下面的步骤。

❷ 单击电子邮件中的 Open 按钮，如图 10.21 所示。

此时将在默认浏览器中使用 Acrobat 插件打开这个文档。

❸ 使用注释工具给 PDF 文件添加几条注释。如果没有登录 Creative Cloud 账户，可在收到提醒时选择继续以宾客身份访问，并输入将出现在注释中的姓名。如果在注释中使用符号 @ 提及了某个人，他将收到通知。

❹ 审阅完成后，关闭浏览器窗口。

图 10.21

10.5.3 追踪注释

在 Acrobat 中，可追踪审阅者做的注释并进行回复。下面来追踪共享文档中的注释。

❶ 在 Acrobat 中单击"主页"标签，以显示"主页"视图。

❷ 在左边的"Adobe 云存储"区域中单击"由您共享"，右侧会列出 PDF 文件 Registration（可能需要关闭 Acrobat 再重新打开它，才能看到这个文件）。

❸ 选择 PDF 文件 Registration，右边将显示有关审阅进度的信息，包括邀请了谁来审阅以及对该文档做的最后一次修改，如图 10.22 所示。

图 10.22

❹ 双击 Registration 文件打开它，注释列表中将显示你在 Acrobat 中添加的注释以及审阅者在 Acrobat 在线版中添加的注释。

❺ 关闭这个 PDF 文件，但不要关闭 Acrobat。

> 💡 **注意** 只要 Acrobat 能够访问 Adobe 云存储，就会同步注释。

使用网络文件夹进行共享审阅

默认情况下，Acrobat 将要共享审阅的 PDF 文件复制到 Adobe 云存储，但也可将其放到网络文件夹、WebDAV 文件夹、SharePoint 工作空间（或 subsite）或 Office 365 网站。

要将需要共享以供审阅的 PDF 文件放到网络文件夹，首先要修改首选项。选择"编辑">"首选项"（Windows）或"Acrobat">"首选项"（macOS），在对话框左边选择"审阅"，取消选择"使用 Adobe 的云存储进行共享以供审阅"复选框，并单击"确定"按钮。然后在"工具"窗格中单击"发送以供审阅"工具，在"发送以供审阅"工具栏中单击"发送以供共享注释"，再按向导指定的步骤将文件上传到服务器并邀请审阅者。

10.6 比较文档的不同版本（仅 Acrobat Pro）

在 Acrobat Pro 中，可检查 PDF 文档的两个版本之间有何不同，这在处理由多人做了编辑的文档时很有用。下面来比较 Facilities.pdf 文件的原始版本和编辑后的版本。

❶ 选择"文件">"打开"，切换到 Lesson10\Assets 文件夹，并双击 Facilities.pdf 文件。

❷ 单击"工具"标签打开工具中心，再单击"比较文件"工具（它位于"共享并审阅"部分）。Acrobat 将让你选择要比较的文件。

❸ 如果在"新文件"部分选择了当前打开的文档，单击"交换文档"按钮将其移到"旧文件"部分。

❹ 在"新文件"部分的"更改文件"下拉列表中选择"浏览文件"，再双击 Lesson10\ Assets 文件夹中的 Facilities_edited.pdf 文件。

❺ 单击"设置"按钮。

可指定要比较的页面范围，还可告诉 Acrobat 当前比较的文档的类型。默认情况下，Acrobat 将比较文档中所有的页面，并自动检测文档类型。

❻ 单击"确定"按钮保留默认设置，再单击"比较"按钮，如图 10.23 所示。

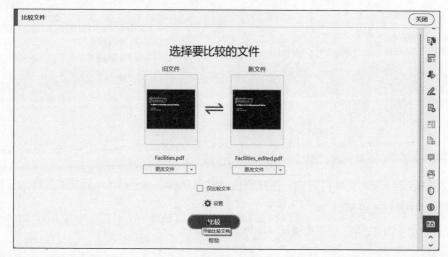

图 10.23

Acrobat 将对文档进行比较，并显示进度。比较完毕后，Acrobat 将打开比较报告，该报告总结并指出了两个文件的不同之处，包括修改数量和修改类型。

❼ 单击"转到第一处更改（第 2 页）"按钮，如图 10.24 所示。

Acrobat 将显示每个文件的第 2 页，并指出所做的更改（这里是删除文本），如图 10.25 所示。

❽ 在"比较文件"工具栏中单击"下一处更改"，Acrobat 将显示文档中的下一处更改，这里是图像替换，如图 10.26 所示。

❾ 不断单击"下一处更改"，直到查看完文档中所有的更改。

使用"比较文件"工具栏中的选项，可只显示一个文档，也可同时显示两个文档（默认设置）；可筛选更改类型以及重新显示比较小结，还可保存比较结果。

❿ 将所有打开的文件都关闭。

图 10.24

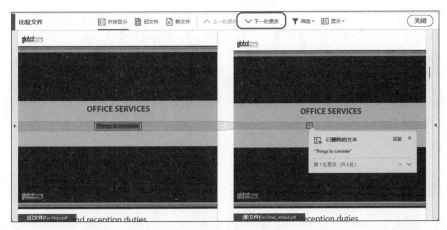

图 10.25

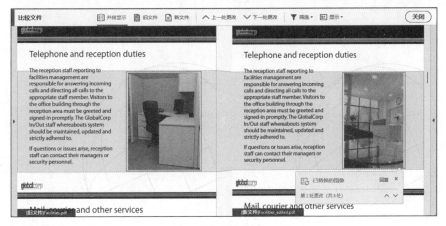

图 10.26

10.7 复习题

❶ 如何在 PDF 文档中添加注释？
❷ 如何合并多个审阅者添加的注释？
❸ 共享审阅有哪些优点？

10.8 复习题答案

❶ 在 Acrobat 中，可使用任何注释和标记工具在 PDF 文档中添加注释。要查看所有可用的工具，可选择"注释"工具，并打开"注释"工具栏。要使用其中的工具，可选择它，再选择要编辑的文本、绘制标记或单击（创建附注）。

❷ 要合并审阅注释，可打开发送以供审阅的原始 PDF 文件，再在注释列表上方的选项菜单中选择"导入数据文件"。选择审阅者发回的 PDF 或 FDF 文件，再单击"打开"（Windows）或"选择"（macOS）按钮，Acrobat 将把这些文件中的所有注释导入原始文档。

❸ 在共享审阅中，审阅发起人将 PDF 文档发送到 Adobe 云存储或其他网络文件夹，再邀请审阅者进行注释。审阅者添加注释后，其他审阅者都能看到，因此，每个审阅者都可回复所有的注释。共享审阅是一种高效的审阅方式，让审阅者能够在审阅过程中解决冲突、确定研究领域和制定创造性解决方案。

第 11 课

在 Acrobat 中处理表单

本课概览

- 将 PDF 文件转换为交互式 PDF 表单。
- 添加表单域，包括文本域、单选按钮和动作按钮。
- 分发表单。
- 追踪表单以确定其状态。
- 收集和汇总表单数据。
- 验证和计算表单数据。

学习本课大约需要 **45** 分钟

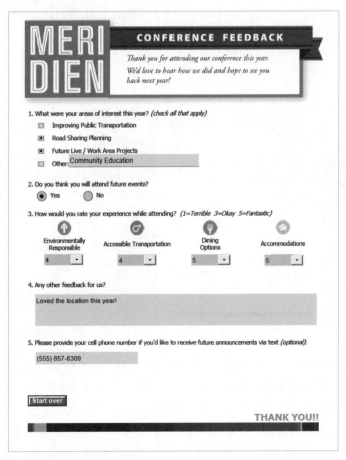

可将任何 Acrobat 文档（包括扫描得到的文档）转换为交互式表单，以便在线分发、追踪和收集数据。

11.1 表单处理流程

本课将为虚构会议 Meridien Conference 制作反馈表单。将一个现有的 PDF 文档转换成交互式表单，并使用 Acrobat 表单工具添加可在线填写的表单域；然后使用 Acrobat 工具分发表单、追踪表单以及收集和分析数据。

11.2 将 PDF 文件转换为交互式 PDF 表单

在 Acrobat 中，可将在其他程序（如 Microsoft Word 或 Adobe InDesign）中创建的文档或从纸质表单扫描得到的文档转换为交互式 PDF 表单。下面先打开一个已转换为 PDF 文件的普通表单，再使用表单工具将其转换为交互式表单。

❶ 启动 Acrobat，再选择"文件">"打开"，切换到 Lesson11\Assets 文件夹，并打开 MeridienFeedback.pdf 文件。

该 PDF 文档包含表单文本，但 Acrobat 无法识别其中的表单域。

❷ 如果"工具"窗格中没有"准备表单"工具，单击"工具"标签打开工具中心，再单击"准备表单"下方的"添加"按钮。单击 MeridienFeedback 标签返回刚才打开的表单文档。

❸ 在"工具"窗格中单击"准备表单"工具，如图 11.1 所示。

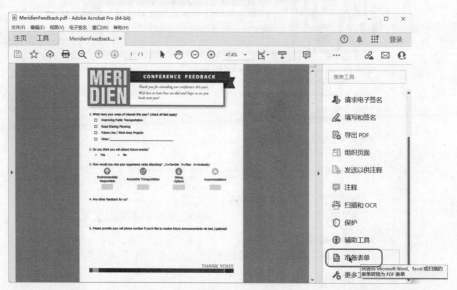

图 11.1

❹ 确保选择的是 MeridienFeedback.pdf 文件，没有选择"此文档需要签名"复选框且表单域自动检测已打开，再单击"开始"按钮，如图 11.2 所示。如果没有打开表单域自动检测，请单击"更改"，在"首选项"对话框中选择"自动检测表单域"复选框，再单击"确定"按钮。

Acrobat 将分析该文档并添加交互式表单域。可检查文档，确保 Acrobat 添加了合适的表单域，并在必要时手动添加表单域。

在右边的"域"面板中，Acrobat 列出了添加的表单域；在"准备表单"工具栏和右边的窗格中，显示了可用于编辑表单的工具，如图 11.3 所示。

图 11.2

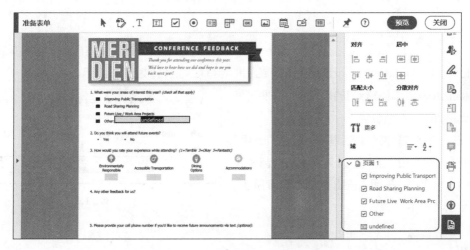

图 11.3

> **注意** 如果你看到的工具与图 11.3 显示的不同,请在右边窗格的"更多"下拉列表中选择"恢复为 Acrobat 表单"。Acrobat 为准备供用户分发的文档时提供的工具与准备供 Acrobat Sign 分发的文档时提供的工具不同。

表单域类型

在 Acrobat 中创建的 PDF 表单可包含以下类型的域(如图 11.4 所示)。
- 条形码:对选定域中的输入进行编码,并将其显示为可通过解码软件或硬件解释的可视化图案。
- 按钮:在用户计算机上触发动作,如打开文件、播放声音或将数据提交到 Web 服务器。
- 复选框:显示可做出肯定或否定回答的选项。如果表单包含多个复选框,用户通常可根据需要选择多个。

第 11 课 在 Acrobat 中处理表单 185

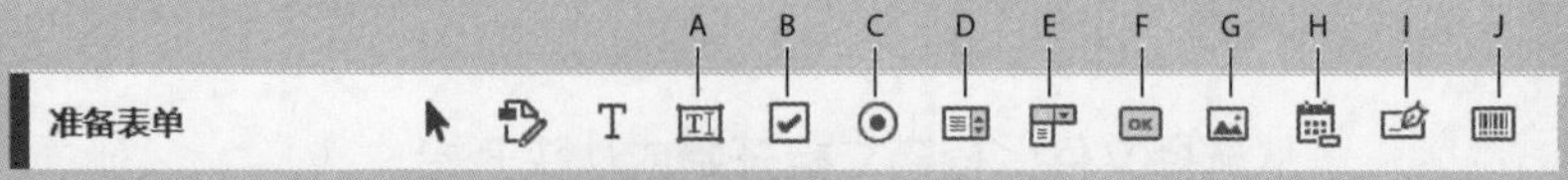

准备表单　　A　B　C　D　E　F　G　H　I　J

A. 文本域　B. 复选框　C. 单选按钮　D. 列表框　E. 下拉列表　F. 按钮
G. 图像域　H. 日期域　I. 数字签名域　J. 条形码

图 11.4

- 日期域：让用户能够输入日期或从弹出式日历中选择日期。
- 下拉列表：让用户能够选择一个选项或输入值。
- 数字签名域：让用户能够使用数字签名签署 PDF 文档。
- 图像域：让用户能够插入照片或插图。
- 列表框：显示用户可从中选择的一系列选项。可设置该表单域的一个属性，让用户能够通过按住 Shift、Ctrl 或 Command 键并单击来选择多个选项。
- 单选按钮：显示一组选项，但用户仅可从中选择一项。名称相同的所有单选按钮为一组。
- 文本域：让用户能够输入文本，如姓名、地址、电子邮箱地址或电话号码。

下面来编辑用 undefined 标记的表单域，给它指定有意义的名称和工具提示。

❺ 双击用 undefined 标记的表单域，以便对其进行编辑，如图 11.5 所示。

❻ 在"文本域属性"对话框中，单击"一般"标签，在"名称"和"工具提示"文本框中都输入 Other text，再单击"关闭"按钮，如图 11.6 所示。结果如图 11.7 所示。

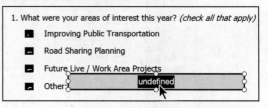

图 11.5

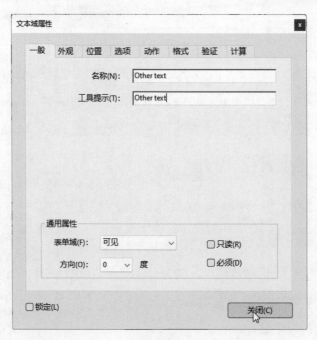

图 11.6

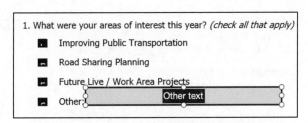

图 11.7

11.3 添加表单域

在 Acrobat 中，可使用表单工具在任何文档中添加表单域。每个表单域都有名称，该名称应是唯一的且具有描述性，收集和分析数据时将使用该名称，但它不会出现在用户看到的表单上。可添加工具提示和标签，帮助用户了解如何填写表单域。

> **提示** 如果文档使用了口令保护来禁止他人编辑，用户必须知道口令才能添加或编辑域。

11.3.1 添加文本域

Acrobat 找出了一些表单域，但也遗漏了一些。下面来添加一个用于输入手机号码的文本域。文本域让用户能够在表单中输入诸如姓名和电话号码等信息。

① 在"准备表单"工具栏中选择文本域工具（图），鼠标指针将变成文本框。

② 在"5. Please provide your cell phone number"下方单击，在这里创建一个文本域。

> **提示** 要准确指定表单域的位置，可使用"属性"对话框中的"位置"标签。要同时修改多个表单域的宽度、高度和位置，可同时选择它们，再在"属性"对话框中做相应的修改。还可锁定表单域的宽度和高度，以防移动时不小心改变其尺寸。

③ 在"域名称"文本框中输入 cell phone number。不要选择"必须填写的域"复选框，因为这个表单域是选填的。

④ 单击"所有属性"以修改这个表单域的属性，如图 11.8 所示。

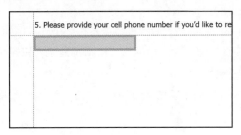 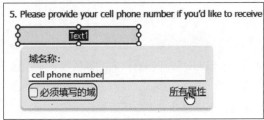

图 11.8

⑤ 在"文本域属性"对话框中单击"格式"标签。

⑥ 在"选择格式种类"下拉列表中选择"特殊"，再在"特殊选项"部分选择"电话号码"并单击"关闭"按钮，如图 11.9 所示。

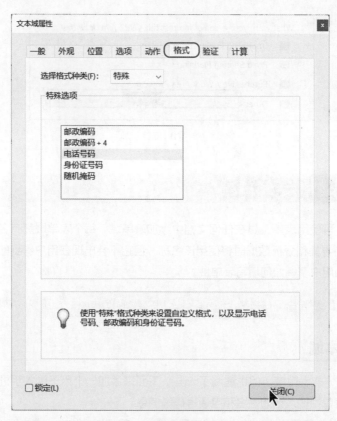

图 11.9

现在，这个表单域将只接受电话号码，而不接受其他文本。

❼ 拖曳这个文本域的右边缘，使其更宽些，如图 11.10 所示。

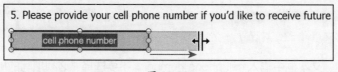

图 11.10

指定答案格式

可使用特殊格式对输入文本域中的数据类型进行限制，或自动将数据转换为特定格式。例如，对于用于获取邮政编码的表单域，可将其设置为只接受数字，对于日期域，可将其设置为只接受特定格式的日期，还可限制输入的数值为特定范围内的数字。

要限制文本域的格式，可打开其"文本域属性"对话框。在"文本域属性"对话框中单击"格式"标签，选择格式类型，再选择合适的选项。

11.3.2 添加多行文本域

接下来要添加的表单域用于获取额外的反馈信息。填写表单时，有些人仅输入几个单词，有些人则会输入一整段文本，因此下面创建一个可输入多行文本的文本域。

❶ 在"准备表单"工具栏中选择文本域工具。

❷ 在"4. Any other feedback for us?"下方单击并拖曳文本框的手柄，使其能够容纳多行文本。

❸ 在"域名称"文本框中输入 other feedback。这个表单域也是选填的，因此不要选择"必须填写的域"复选框，如图 11.11 所示。

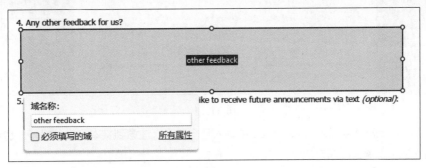

图 11.11

❹ 双击这个文本域以编辑其属性。

❺ 在"文本域属性"对话框中单击"选项"标签。

❻ 选择"多行"和"滚动显示长文本"复选框。

❼ 选择"限制为 __ 个字符"复选框，并将字符数限制设置为 350。

❽ 单击"关闭"按钮，如图 11.12 所示。

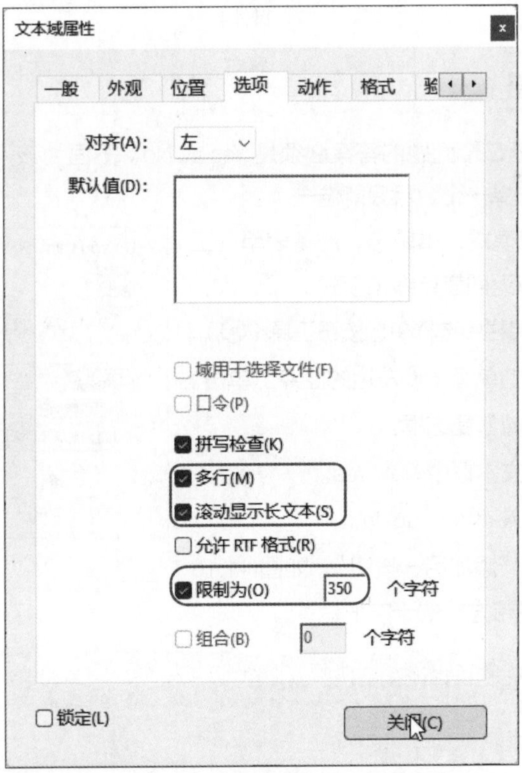

图 11.12

⑨ 单击"准备表单"工具栏中的"预览"按钮。

在预览模式下，表单域与表单填写人看到的一样，如图 11.13 所示。

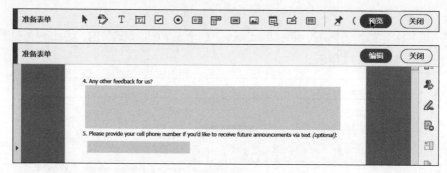

图 11.13

⑩ 在文本域 Any other feedback for us 中输入几个句子，注意到文本将自动换行。也可在表单域 cell phone number 中输入电话号码，如图 11.14 所示。

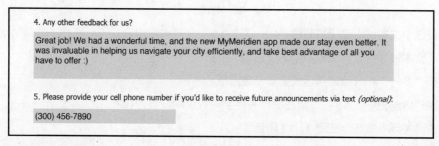

图 11.14

11.3.3 添加单选按钮

在这个反馈表单中，第二个问题的答案必须是 Yes 或 No。下面为该问题创建单选按钮。单选按钮让用户从一系列选项中选择一个，且只能选一个。

① 如果当前处于预览模式，请单击"准备表单"工具栏中的"编辑"按钮，以返回表单编辑模式。

② 在"准备表单"工具栏中选择单选按钮工具（⊙）。

③ 在第 2 个问题下方的单词 Yes 左边的圆点上单击。

④ 选择"必须填写的域"复选框。

⑤ 在"单选钮选项"文本框中输入 Yes。

⑥ 在"组名称"中输入 attend again。

⑦ 单击对话框底部的"添加另一按钮"，如图 11.15 所示。鼠标指针将再次变成带方框的十字形。

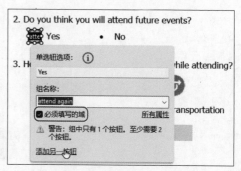

图 11.15

> 注意 同一组中所有单选按钮的组名称都必须相同。

⑧ 单击 No 左边的圆点。

⑨ 在"单选钮选项"文本框中输入 No，确认组名称为 attend again 且选择了"必须填写的域"

复选框，再单击对话框外面将其关闭，如图 11.16 所示。

⑩ 单击"准备表单"工具栏中的"预览"按钮。对于第二个问题，单击 Yes 再单击 No，注意到不能同时选择多个单选按钮，如图 11.17 所示。

图 11.16

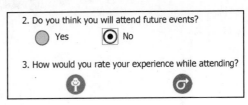

图 11.17

11.3.4 添加下拉列表

下拉列表让用户能够从众多选项中选择一个选项，或者输入一个值（如果表单创建者允许这样做）。下面为第 3 个问题添加下拉列表，让参与者能够对体验舒适度进行打分。

❶ 在"准备表单"工具栏中，单击"编辑"按钮以返回表单编辑模式。

❷ 在"准备表单"工具栏中选择下拉列表工具（ ）。

❸ 在"Environmentally Responsible"下方单击以创建一个下拉列表。

❹ 将这个表单域命名为 environment。

❺ 单击"所有属性"，如图 11.18 所示。

❻ 单击"选项"标签，在"项目"文本框中输入 --，再单击"添加"按钮。

Acrobat 将把 -- 添加到下拉列表中，如图 11.19 所示。

图 11.18

图 11.19

❼ 重复第 6 步多次，以添加数字 1~5，让下拉列表包含以下选项：--、1、2、3、4、5。

❽ 选择第一个选项（--），将其设置为默认选项。这样刚开始打开表单时，将自动选择这个选项。

❾ 单击"关闭"按钮，如图 11.20 所示。

❿ 调整这个表单域的大小，使其与表单上灰色框的大小一致。

⓫ 重复第 2 ~ 10 步，为其他 3 项需要打分的内容添加下拉列表。

将这些下拉列表分别命名为 transportation、dining 和 accommodations。

⓬ 单击"准备表单"工具栏中的"预览"按钮，结果如图 11.21 所示。

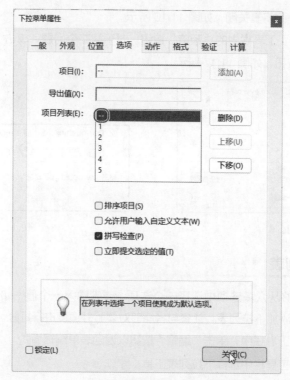

图 11.20

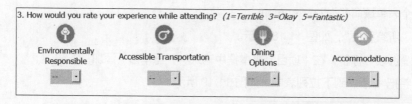

图 11.21

> **提示** 创建一个下拉列表后，可通过复制创建其他下拉列表，但别忘了修改域名。

⑬ 在每个下拉列表中选择一个分数，体验一下用户将如何填写该表单。

使用图像域

有时候，你可能想让用户能够通过表单提供照片或插图。例如，在大赛提交表单、申请表单或记录问题或事故的表单中，你可能想包含一个图像域，如图 11.22 所示。在 Acrobat 中，创建图像域与创建其他表单域一样简单，为此只需在"准备表单"工具栏中选择图像域工具（），在页面上单击以添加图像域，再自定义其外观。用户单击表单中的图像域时，需要选择一幅图像。

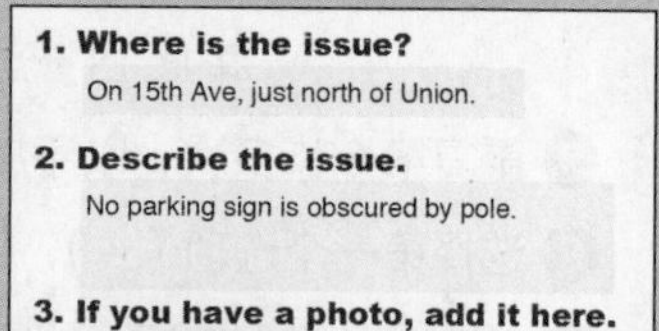

图 11.22

11.3.5 添加动作按钮

按钮让用户能够执行动作,如跳至其他页面或提交表单。下面创建一个重置按钮,用于清除表单域中的数据,让用户能够重新填写。

① 单击"准备表单"工具栏中的"编辑"按钮返回表单编辑模式。

② 在"准备表单"工具栏中选择按钮工具（ OK ）。

③ 单击表单左下角,在这个位置创建一个按钮。

④ 在"域名称"文本框中输入 Reset,再单击"所有属性",如图 11.23 所示。

⑤ 单击"选项"标签。

⑥ 在"标签"文本框中输入 Start Over,如图 11.24 所示。

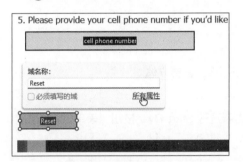

图 11.23

图 11.24

域名称用于收集和分析数据,但不会出现在表单上,然而当用户填写表单时,标签将出现在表单域中。

⑦ 单击"动作"标签。

⑧ 在"选择触发器"下拉列表中选择"鼠标松开",在"选择动作"下拉列表中选择"重置表单",再单击"添加"按钮,如图 11.25 所示。

图 11.25

当用户单击该按钮后,表单将被重置。

⑨ 在"重置表单"对话框中单击"确定"按钮,以重置选择的表单域,如图 11.26 所示。默认情况下,选择了所有表单域。

⑩ 单击"外观"标签。

⑪ 单击"外框颜色"色板,并选择一种深红色。如果使用的是 macOS,请取消选择"透明度",再关闭"颜色"对话框。

⑫ 单击"填充颜色"色板,并选择一种浅红色。

⑬ 在"线条样式"下拉列表中选择"斜面",在"线条宽度"下拉列表中选择"中",并将文本

颜色设置为白色，如图 11.27 所示。

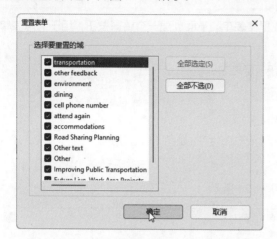
图 11.26

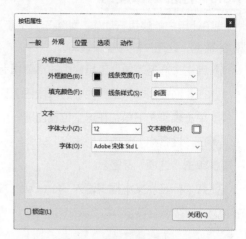
图 11.27

按钮的背景为浅红色，其边框为深红色，而斜面线使按钮看上去更立体。

⑭ 单击"关闭"按钮关闭"按钮属性"对话框。

⑮ 单击"预览"按钮，为一些问题选择选项，再单击新建的 Start Over 按钮，表单域将被重置，如图 11.28 所示。

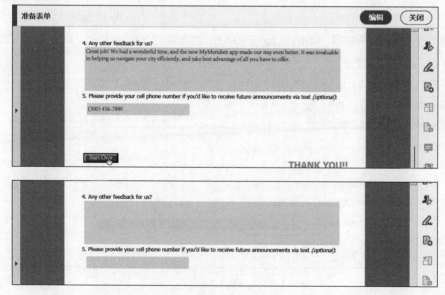
图 11.28

⑯ 单击"编辑"按钮返回表单编辑模式。

⑰ 选择"文件">"另存为"。在"另存为 PDF"对话框中，将文件命名为 MeridienFeedback-Form.pdf，并保存到 Lesson11\Finished_Projects 文件夹。

11.4 分发表单

设计并创建表单后，可以多种不同的方式分发表单。如果有电子邮箱账号，可将这个反馈表单发送给自己，再从邮件中收集反馈意见。下面使用 Acrobat 中的工具来分发这个表单。

❶ 在右边的窗格中单击"分发"按钮，如图 11.29（左）所示。

❷ 如果 Acrobat 提醒保存文档，单击"保存"按钮。

❸ 在"分发表单"对话框中，选择"电子邮件"单选按钮，再单击"继续"按钮，如图 11.29（右）所示。如果 Acrobat 询问是否要清除表单域中的值，单击"是"按钮。

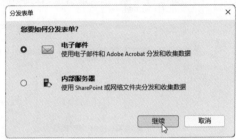

图 11.29

❹ 如果出现提示，输入或核实电子邮箱地址、姓名、职务和单位名称，再单击"下一步"按钮。如果以前输入过这些信息，Acrobat 将使用存储的信息。

❺ 选择"使用 Adobe Acrobat 发送"单选按钮，再单击"下一步"按钮，如图 11.30 所示。

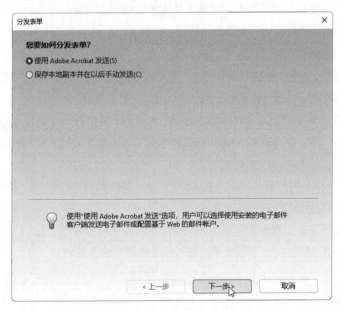

图 11.30

❻ 在"收件人"文本框中输入电子邮箱地址，确保选择了"从收件人收集姓名和电子邮件以提供最佳追踪"复选框，再单击"发送"按钮，如图 11.31 所示。

> 💡 注意　可自定义随表单发送的电子邮件的主题和内容，还可同时将表单发送给多位收件人。可能需要向收件人说明如何在移动端应用中填写表单，因为在这种情况下，用户看不到"提交"按钮。

> 💡 注意　如果出现一条消息，提示没有默认电子邮箱应用程序，单击"确定"按钮。Acrobat 将打开"发送邮件"对话框。

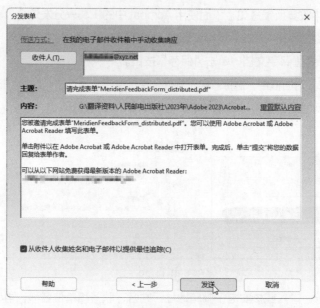

图 11.31

❼ 在"发送邮件"对话框中,如果要使用计算机中安装的电子邮箱应用程序来发送邮件,就选择"默认电子邮件应用程序"单选按钮,如果要使用诸如 Gmail、Yahoo Mail 等在线服务来发送邮件,就选择"使用电子邮件"单选按钮,再单击"确定"按钮。

❽ 单击"继续"按钮。

❾ 如果通过在线服务发送邮件,请在提示时登录,阅读出现的安全提示,并在必要时授权访问。输入收件人的电子邮箱地址,再发送邮件。

如果选择通过默认电子邮件应用程序发送邮件,Acrobat 将打开相应的应用程序,发送将这里的表单作为附件的邮件。根据使用的默认电子邮件应用程序,可能需要授权访问或在该应用程序中单击"发送"按钮。

❿ 查看收到的邮件,并打开作为附件的 PDF 文件,以便填写这个表单。此时将在 Acrobat 中打开这个表单,同时表单上方将显示文档消息栏。

文档消息栏中显示了有关表单的信息。如果表单不包含"提交表单"按钮,文档消息栏将包含这个按钮。另外,文档消息栏还指出了表单是否被验证或是否包含签名域。

> 注意 如果表单接收方使用的是较早的 Acrobat 或 Acrobat Reader 版本,可能看不到文档消息栏或其中包含的信息不同。

追踪表单

如果表单是使用 Acrobat 分发的,可管理分发或收到的表单。使用追踪器可查看和编辑响应文件的位置、追踪谁作出了响应、添加收件人、发送电子邮件至所有收件人以及查看响应。

要在追踪器中追踪表单,可参考以下步骤。

❶ 打开要追踪的表单,单击"准备表单"工具,再单击右边窗格中的"追踪"按钮。

此时将打开追踪器,其中列出了已发起的审阅及分发的表单,如图 11.32 所示。

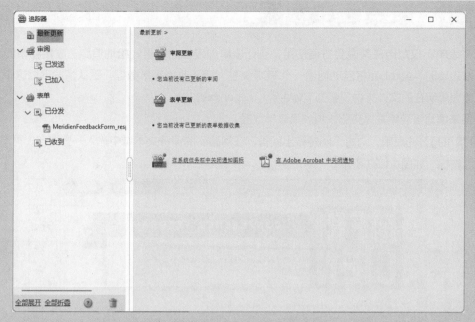

图 11.32

❷ 在左边的导览窗格中展开"表单",再单击"已分发"。

❸ 选择要追踪的表单。

在主窗格中,追踪器列出了响应文件的位置、使用的分发方法、分发日期、收件人列表以及每个收件人是否作出了响应。

❹ 执行下述一项或多项操作。

- 要查看收件人对表单的所有响应,单击"查看响应"。
- 要修改响应文件的位置,单击"响应文件位置"部分的"编辑文件位置"。
- 要查看原始表单,单击"打开原始表单"。
- 要将表单发送给其他收件人,单击"添加收件人"。
- 要给所有收件人发送电子邮件,单击"发送电子邮件至所有收件人"。
- 要提醒收件人填写表单,单击"发送电子邮件至尚未响应的收件人"。

表单分发方式

有几种方法可将表单分发给需要填写它的人。例如,可将表单发布到网站,也可直接在电子邮件中附加表单。要利用 Acrobat 表单管理工具来追踪、收集和分析数据,请使用下列表单分发方式之一。

- 将表单作为电子邮件附件发送,并在收件箱中手动收集响应信息。
- 将表单发送到网络文件夹或运行了 Microsoft SharePoint 的 Windows 服务器,在内部服务器中将自动收集响应。
- 创建 Web 表单。在 Acrobat 在线版中单击"创建 Web 表单"工具,再按线上说明上传 PDF 文件、准备表单并发布相应的链接。

有关分发表单的详细信息,请参阅 Acrobat 帮助文档。

11.5 收集表单数据

电子表单不仅对用户来说更方便使用，还让表单创建者能够更轻松地追踪、收集和审阅表单数据。分发表单时，Acrobat 将自动创建一个 PDF 文档，用于收集表单数据。默认情况下，这个文件存储在原始表单所在的文件夹中，名为 [文件名]_responses。

下面来填写该表单并提交它，再收集表单数据。

❶ 填写打开的表单，对每个问题做出回答。在问题 4 的多行文本域中输入一些内容，再单击"提交表单"按钮，如图 11.33 所示。

图 11.33

❷ 在"发送表单"对话框中，核实要用来发送数据的电子邮箱地址和全名，再单击"发送"按钮。

> 注意　根据电子邮箱应用程序的安全设置，可能需要你批准才能发送邮件。

❸ 在"发送电子邮件"对话框中，选择默认电子邮箱程序或在线服务，单击"继续"按钮，并在提示时登录。如果出现警告对话框，单击"继续"或"允许"按钮。

如果出现有关正在发送邮件的消息，单击"确定"按钮。根据电子邮箱应用程序中的设置，可能需要手动发送该邮件。

❹ 查看收到的电子邮件。填写好的表单出现在主题为 Submitting Completed Form 的电子邮件中（如果该邮件是手动发送的，其主题将是你自定义的）。打开这封邮件中的附件。

❺ 选择"添加到现有的响应文件"，保留默认文件名，再单击"确定"按钮。

Acrobat 将把数据收集到分发表单时创建的响应文件中。

PDF 响应文档以表格方式列出了收集到的表单数据。响应信息是分列列出的，其中每列对应相应的问题。如果列数太多，无法在一屏中全部显示，可通过滚动查看其他的数据，如图 11.34 所示。

接收日期	Improving Public Transportation	Road Sharing Planning	Future Live	Work Area Projects	Other
2024/1/5 20:38:34	Off	Off	Off		Off
2024/1/5 20:38:34	On	On	On		On
2024/1/5 20:38:52	Off	On	On		On
2024/1/5 20:38:52	On	On	On		On

图 11.34

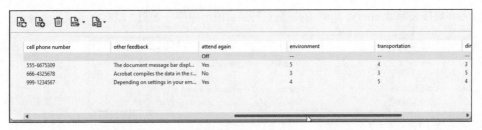

图 11.34（续）

> **注意** 如果想同时将多个表单响应信息添加到响应文件中，可单击"添加"按钮，再找到并选择要添加的响应信息。在有些电子邮箱应用程序中，不能通过双击附件将其添加到响应文件中，而必须采用这里介绍的文件添加方法。

11.6 处理表单数据

收集数据后，可查看每个响应、对响应进行排序、将数据导出到 CSV 或 XML 文件中以便在电子表格或数据库中使用，或将数据归档供以后使用。下面来对反馈表单中的数据排序，再将其导出到 CSV 文件中。如果文档中只有一组响应，应考虑多次提交表单（且每次提供的问题答案都不同），这样排序操作的效果将更为明显。

❶ 在表格中单击鼠标右键（Windows）或按住 Control 键并单击（macOS）。

❷ 选择"排序依据">"attend again"，如图 11.35 所示。

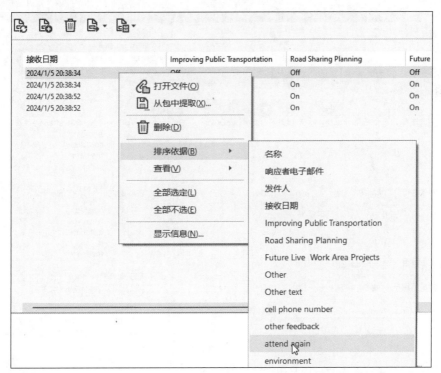

图 11.35

Acrobat 将按表单域 attend again 的答案对各条目进行排序，如图 11.36 所示。

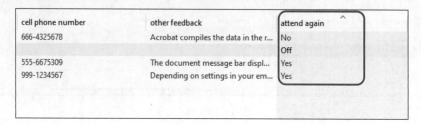

图 11.36

❸ 在表格中单击鼠标右键或按住 Control 键并单击，再选择"查看">"响应者电子邮件"。表格中将新增一列，其中显示了响应者的电子邮箱地址。

❹ 在表格的第一组响应中单击鼠标右键或按住 Control 键并单击，再选择"打开文件"。

Acrobat 将打开第一行中的响应所在的表单。

❺ 关闭刚才打开的表单，并返回响应文档。

❻ 单击工具栏中的"导出"按钮（ ），并选择"导出所有"，如图 11.37 所示。

图 11.37

❼ 将保存类型设置为 CSV，再单击"保存"按钮。

Acrobat 将创建一个用逗号分隔的数据文件，其中包含所有响应中的数据。对于 CSV 文件，可使用 Microsoft Excel、其他电子表格程序或数据库应用程序来打开，如图 11.38 所示。

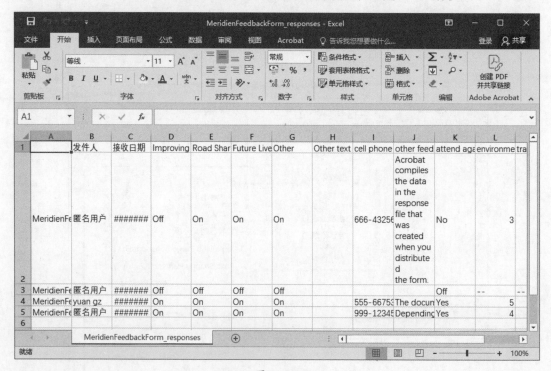

图 11.38

❽ 关闭所有打开的 PDF 文件以及追踪器。

11.7 计算和验证数字域

Acrobat 提供了很多确保用户正确填写表单的方法。前面介绍过，可创建只允许用户输入特定类型的信息的表单域。另外，还可创建根据其他表单域的值自动计算自己的值的表单域。

11.7.1 验证数字域

要确保用户输入表单域中的信息是正确的，可使用 Acrobat 的域验证功能。例如，如果响应必须是 10 ~ 20 之间的数字，可将输入限制为该范围内的数字。在本小节中，将把一个订单表单中的商品价格限制为不超过 1000 美元。

❶ 选择"文件">"打开"，切换到 Lesson11\Assets 文件夹，并打开 Merch_order.pdf 文件。这个 PDF 文件包含一些表单域。

❷ 单击"工具"窗格中的"准备表单"工具，以便对这个表单进行编辑。

❸ 双击表单域 Price.0 field（Price Each 列的第一个单元格）。

❹ 在"文本域属性"对话框中单击"格式"标签，再进行以下设置（如图 11.39 所示）。

- 在"选择格式种类"下拉列表中选择"数字"。
- 在"小数位数"下拉列表中选择"2"以精确到分。
- 在"分隔符样式"下拉列表中选择"1,234.56"（默认设置）。
- 在"货币符号"下拉列表中选择"$"（美元符号）。

下面来指定要对这个域中输入的数据执行的有效性检查。

❺ 单击"验证"标签，选择"域值范围"单选按钮，在"从"文本框中输入 0，在"到"文本框中输入 1000，再单击"关闭"按钮，如图 11.40 所示。

图 11.39

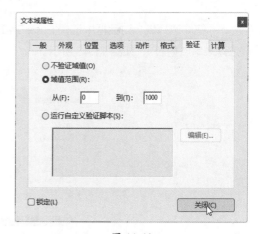

图 11.40

❻ 单击"准备表单"工具栏中的"预览"按钮，再在刚才编辑过的表单域（Price Each 列的第一个单元格）中输入数字 2000 并按 Enter 键。

此时将出现一条消息，提示输入的值无效。

❼ 单击"确定"按钮关闭打开的警告对话框，如图 11.41 所示。

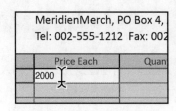 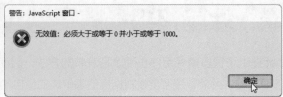

图 11.41

11.7.2　计算数字域

除了可以验证表单数据和设置其格式，还可使用 Acrobat 计算表单域的值。在这个 PDF 订单中，你将根据订购数量计算每种商品的总价，再让 Acrobat 计算订购的所有商品的总价。

❶ 如果当前处于预览模式，单击"编辑"按钮。

❷ 双击表单域 Total.0（Item Total 列的第一个单元格）。

❸ 在"文本域属性"对话框中单击"计算"标签并进行以下设置。

- 选择"数值是"单选按钮。
- 在"以下域的数值"左边的下拉列表中选择"相乘 (*)"，以计算两个域的乘积。
- 为选择将用作乘数的域，单击"挑选"按钮，如图 11.42 所示。

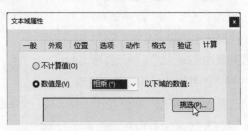

图 11.42

- 在"选择域"对话框中选择 Price.0 和 Quantity.0 复选框（选择一个表单域后，便可按下箭头键滚动表单域列表），如图 11.43 所示。

图 11.43

❹ 单击"确定"按钮关闭"选择域"对话框。

❺ 单击"关闭"按钮关闭"文本域属性"对话框，如图 11.44 所示。

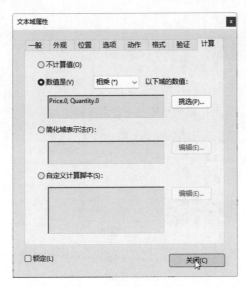

图 11.44

❻ 单击"预览"按钮,在第 1 行中,将单价设置为 1.50,将数量设置为 2 并按 Enter 键。Item Total 列将显示"$3.00",如图 11.45 所示。

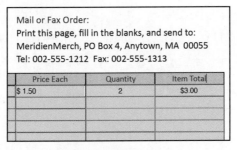

图 11.45

❼ 完成后关闭所有打开的文件,并退出 Acrobat。

11.8 复习题

❶ 在 Acrobat 中，如何将既有文档转换为交互式 PDF 表单？
❷ 在 PDF 交互式表单中，单选按钮和按钮之间有何不同？
❸ 如何将表单分发给多个收件人并追踪收到的响应？
❹ Acrobat 将表单响应收集到哪里？

11.9 复习题答案

❶ 要将既有文档转换为交互式 PDF 表单，可在 Acrobat 中打开该文档，再单击"准备表单"工具，选择当前打开的文档，并单击"开始"按钮。
❷ 单选按钮让用户只能从包含两个或多个选项的一组中选择一个。按钮用于触发特定动作，如播放电影文件、跳至其他页面或清除表单数据。
❸ 可通过电子邮件将表单发送给收件人，或者将表单发送到内部服务器。为此，可单击"准备表单"工具，单击右边窗格中的"分发"按钮，再选择分发方式。
❹ 使用 Acrobat 分发表单时，Acrobat 将自动创建一个用于存储响应的 PDF 文档。默认情况下，这个 PDF 文档与原始表单位于同一个文件夹，且文件名为 [文件名]_responses。

第 12 课

使用动作

本课概览

（本课要求安装的是 Acrobat Pro。）

- 执行动作。
- 创建动作。
- 给动作添加说明步骤。
- 设置步骤的选项，让用户无须提供输入。
- 提醒用户给步骤提供输入。
- 共享动作。

学习本课大约需要 **45** 分钟

THOMAS BOOKER
Founder, President and CEO of Aquo

Biography
Thomas Booker founded Aquo Energy Drinks Ltd. in August 2006, and currently acts as the company's President and Chief Executive Officer. Mr. Booker is responsible for overseeing all Aquo business units, including Aquo energy drink and water brands, and also remains a driving force behind Aquo's product development. He has served on the boards of many large public companies, consulting them on environmentally sustainable business practices throughout his career. He currently serves as chairman of the California Corporate Green Building Council. Prior to founding Aquo, Mr. Booker was Director of Research and Development at Purely Natural Energy Company, the ground breaking Northwestern energy bar company that was the first to introduce a 100% organic bar to the national market in 1996. He earned a B.S. from the University of Virginia in 1987, and a MBA from the College of William & Mary in 1990. He was named *Better* magazine's 2006 "Most Environmentally Responsible CEO of the Year."

在 Acrobat Pro 中，可使用动作来自动完成任务，让工作流程更一致。可使用 Acrobat 自带的动作，也可自己创建动作并与他人共享。

12.1 动作简介

在 Acrobat Pro 中，可使用动作自动完成包含多个步骤的任务，并与他人共享这些流程。动作是一系列步骤，有些步骤（如给文档添加标签）可由 Acrobat 自动完成，有些步骤（如删除隐藏信息）要求用户提供输入（如要删除或添加的信息，或者要使用的设置）。还有些步骤，如添加书签无法自动完成，因为创建和命名书签需要人工干预，在这些情况下，需要在动作中包含说明，指出动作继续前用户必须执行的步骤。

Acrobat Pro 在"动作向导"工具中提供了多个动作，可使用这些动作来执行常见任务，如准备发布文档以及创建具备辅助工具的 PDF。还可以创建动作，根据工作流程添加步骤，并包含说明步骤。

对于经常需要执行的任务，包含自动执行相关步骤的动作特别有用。对于那些不常执行但每次执行的步骤都相同的任务，动作也很方便。使用动作，可确保工作流程中包含关键的步骤。

12.2 使用预定义的动作

要使用动作，可单击"动作向导"工具，再在右边窗格中的动作列表中选择相应的动作。下面使用"准备发布"动作来准备一个要发布到外部网站的文档。

① 启动 Acrobat Pro，选择"文件">"打开"，切换到 Lesson12\Assets 文件夹，选择 Aquo_CEO.pdf 文件，并单击"打开"按钮。

这个文档包含一家虚构的饮料公司的首席执行官的小传。

② 在工具栏中单击"工具"标签打开工具中心，向下滚动到"自定义"类别部分，再单击"动作向导"，如图 12.1 所示。

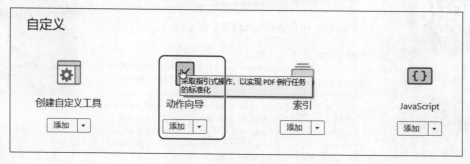

图 12.1

③ 在右边窗格中的动作列表中选择"准备分发"动作，如图 12.2 所示。

原来的动作列表变成了动作窗格，显示了要处理的文件、动作包含的步骤和相关的信息，还可以在其中添加文件，如图 12.3 所示。

④ 请查看该动作的步骤。阅读完这些信息后，单击"开始"按钮进入第一个步骤。

"开始"按钮将变成"停止"按钮，可随时单击它来停止动作。另外，打开了"删除隐藏信息"对话框，同时在动作窗格中高亮显示了"删除隐藏信息"步骤。

⑤ 在"删除隐藏信息"对话框中，单击"确定"按钮保留默认设置，如图 12.4 所示。

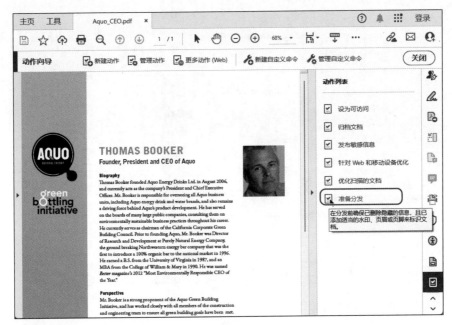

图 12.2

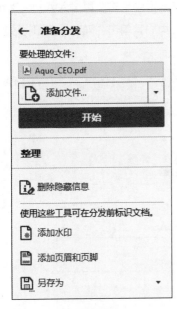

图 12.3   图 12.4

❻ 在"添加水印"对话框中进行以下设置。
- 在"文本"文本框中单击,再输入 Copyright Aquo 2023。
- 将字体大小设置为 20。
- 将不透明度设置为 20%。
- 在"位置"部分,选择"点",并将"垂直距离"设置为 1,再在"从"下拉列表中选择"下边"。
- 在"水平距离"对应的"从"下拉列表中选择"右边"。

在"预览"部分,水印将出现在文档右下角。

❼ 单击"确定"按钮保存所做的设置,如图 12.5 所示。

第 12 课 使用动作 207

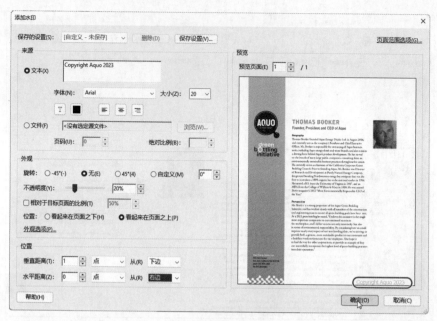

图 12.5

❽ 在"添加页眉和页脚"对话框中,在"中间页眉文本"文本框中单击,再输入 Aquo Corporate Information;将字体大小设置为 9,"预览"部分将显示指定的页眉,单击"确定"按钮将添加指定的页眉并关闭对话框,如图 12.6 所示。

> 💡 提示　要在不使用动作的情况下添加页眉或页脚,可单击"编辑 PDF"工具,再在"页眉和页脚"下拉列表中选择"添加"。

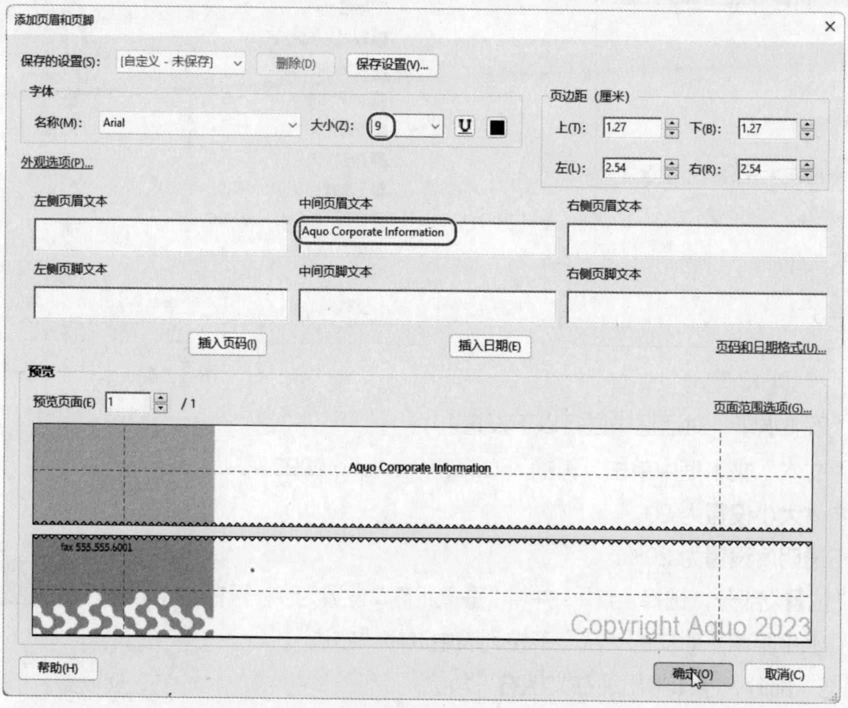

图 12.6

❾ 在"另存为"对话框中，将文档命名为 Aquo_CEO_dist.pdf，切换到 Lesson12\Finished_Projects 文件夹，并单击"保存"按钮。

> 注意　默认情况下，Acrobat 将新文件保存到原始文件所在的文件夹，但可为其指定其他存储位置。

现在在动作窗格中，原来的"停止"按钮变成了"已完成"按钮，如图 12.7 所示。

图 12.7

❿ 单击动作窗格底部的"完整报告"，将在浏览器中打开报告，查看这个动作执行的任务，如图 12.8 所示。查看完毕后将浏览器关闭。

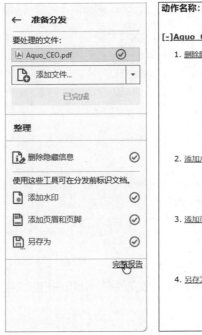

图 12.8

⓫ 不要关闭"动作向导"工具，也不要关闭当前打开的文档。

12.3　创建动作

可以创建自定义动作，在其中添加指定的步骤和步骤说明。创建动作前，需要考虑应添加的步骤以及这些步骤的合理顺序。例如，使用口令保护加密文档应为动作的最后一个步骤。

下面创建一个动作，用于在 Acrobat Pro 中创建多媒体演示文稿。为此需要在这个动作中添加以下步骤：添加用于链接到其他页面的页眉或页脚、创建页面过渡效果、让文件在全屏模式下打开、添加口令以防他人修改。

❶ 在"动作向导"工具栏中单击"新建动作"，如图 12.9 所示。

图 12.9

"创建新动作"对话框分成了两个窗格，左边的窗格显示了可包含在动作中的工具（按类别分组），右边的窗格显示了与要处理的文件相关的选项，还有已添加到动作中的步骤。这个对话框的最右边有一些按钮，可用于设计动作的外观，如添加分隔条、面板和说明。

❷ 在"创建新动作"对话框中，确保在"默认选项"下拉列表中选择了"添加文件"，如图 12.10 所示。

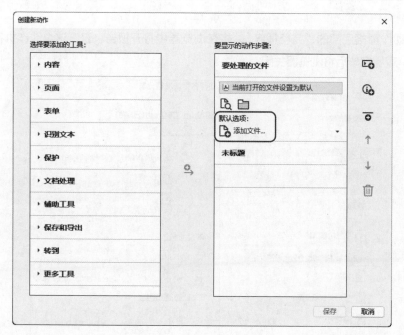

图 12.10

可对当前打开的文件执行动作，提示用户选择文件或文件夹、让用户扫描文档或打开云存储中的文件等。

12.3.1 在动作中添加步骤

现在可以添加步骤了。

❶ 在对话框左边的窗格中展开"页面"类别，并选择"添加页眉和页脚"。

❷ 单击对话框中间的"添加到右侧窗格"按钮（ ），"添加页眉和页脚"步骤将出现在右边的窗格中。

❸ 确保在这个步骤中选择了"提示用户"复选框，如图 12.11 所示。这样执行这个动作时，用户可自定义演示文稿的页眉或页脚。

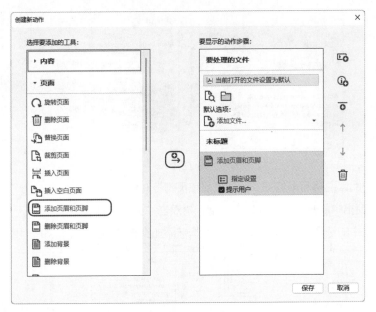

图 12.11

> **提示** 如果改变了主意,可删除步骤。选择相应的步骤,再单击对话框右边的"删除"按钮( )。要调整步骤的排列顺序,可单击"上移"按钮或"下移"按钮。

公司法务部要求页眉遵守特定的约定,因此,下面来添加一个步骤说明。

❹ 单击对话框右边的"添加说明"按钮( )。

❺ 在"添加或编辑标签"对话框中,输入 Aquo Legal requests that all marketing presentations use the full company name, Aquo Natural Energy, in the header.,再单击"保存"按钮,如图 12.12 所示。

可根据需要在说明步骤中添加任意数量的信息。如果要与不熟悉 Acrobat 的人共享动作,应做详细说明。如果创建的动作仅供自己使用,只需做简单说明(如"使用完整的公司名")。

❻ 在刚添加的步骤说明中选择"暂停"复选框,如图 12.13 所示,让用户有时间阅读说明。

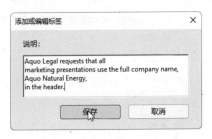

图 12.12

图 12.13

应在打开"添加页眉和页脚"对话框前,让用户有充足的时间阅读说明,因此下面将这个步骤说明往上移。

> **提示** 执行动作时,用户无法访问"工具"窗格和工具中心。因此,如果要让用户能够访问工具,可添加"转到"步骤。

❼ 在"创建新动作"对话框中选择"添加页眉和页脚"步骤,再单击"下移"按钮(↓),如图 12.14 所示。

第 12 课 使用动作 211

图 12.14

这样将在用户阅读说明后再打开"添加页眉和页脚"对话框。

❽ 在左边的窗格中展开"文档处理"类别,再双击"页面过渡"。

双击左边窗格中的选项时,它将自动作为步骤被添加到右边的窗格中,如图 12.15 所示。

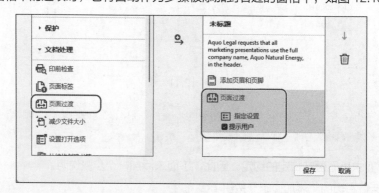

图 12.15

❾ 单击"页面过渡"步骤中的"指定设置"按钮。

❿ 在"页面过渡"对话框的"过渡"下拉列表中选择"分解",在"速度"下拉列表中选择"中速",再单击"确定"按钮,如图 12.16 所示。

⓫ 在"页面过渡"步骤中取消选择"提示用户"复选框。

这样 Acrobat 将自动应用为"页面过渡"步骤指定的设置,而不会提示用户。

⓬ 在左边的窗格中双击"文档处理"类别中的"设置打开选项"。

⓭ 在新添加的步骤中取消选择"提示用户"复选框,再单击"指定设置"按钮,如图 12.17 所示。

⓮ 在"设置打开选项"对话框中,在"以全屏模式打开"下拉列表中选择"是",再单击"确定"按钮,如图 12.18 所示。

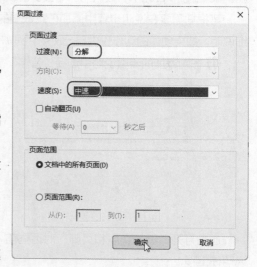

图 12.16

⓯ 展开"保护"类别,再双击"加密"。在"加密"步骤中确保选择了"提示用户"复选框,让用户能够设置口令,如图 12.19 所示。

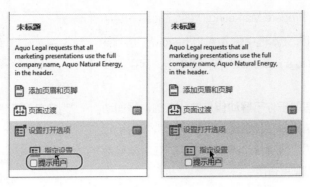

图 12.17

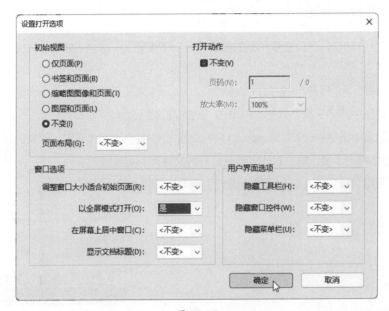

图 12.18

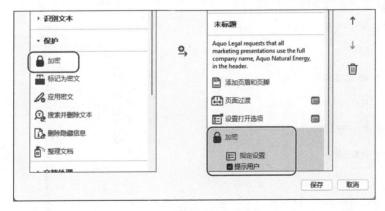

图 12.19

12.3.2 保存动作

添加了所需的全部步骤、确认步骤的顺序正确且指定了所需的选项后，便可保存并命名动作。

❶ 单击"保存"按钮。

❷ 将动作命名为 Prepare Marketing Presentation。

❸ 在"动作说明"文本框中输入 Add headers, transitions, and a password to a presentation.，再单击"保存"按钮，如图 12.20 所示。

给动作指定名称有助于你了解动作是做什么的。添加动作说明来描述动作的结果或在什么情况下使用它（如为特定客户或目的准备文档时）通常是个不错的主意，在需要与他人共享动作时动作说明非常有用。

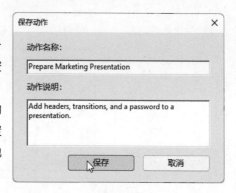

图 12.20

12.3.3 测试动作

下面来测试这个动作，确保它像预期的那样运行。下面将为一家虚构的饮料公司创建一个多媒体演示文稿。

❶ 选择"文件">"打开"，并打开 Lesson12\ Assets 文件夹中的 Aquo_presentation.pdf 文件。

❷ 单击工具栏中的"工具"标签，并单击"动作向导"工具。

❸ 在动作列表中选择 Prepare Marketing Presentation，如图 12.21 所示。原来的动作列表将消失，转而显示这个动作中的步骤，同时默认将当前打开的文件作为要处理的文件。

❹ 单击"开始"按钮进入这个动作的第一个步骤，如图 12.22 所示。

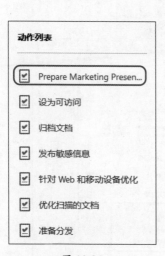

图 12.21

图 12.22

前面创建的步骤说明将出现在屏幕上。由于前面在这个步骤中选择了"暂停"复选框，因此必须单击"单击以继续"才能接着执行动作。

❺ 单击"单击以继续"。

❻ 在"添加页眉和页脚"对话框中，在"左侧页眉文本"文本框中单击，输入 Aquo Natural Energy Shareholders Meeting 2023，将字体大小改为 10，再单击"确定"按钮，如图 12.23 所示。

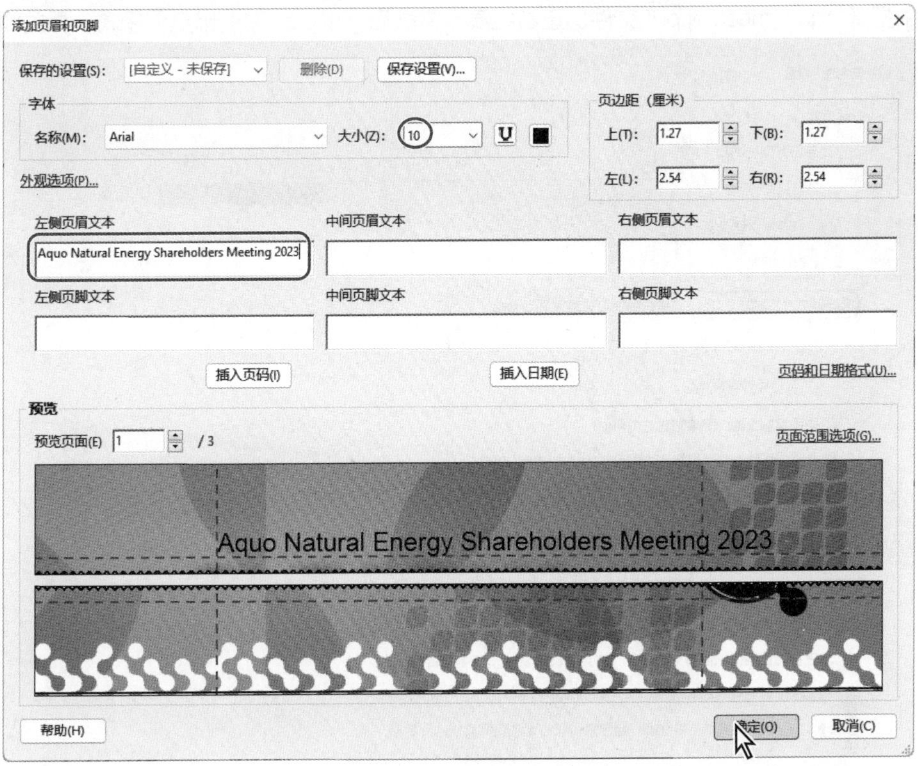

图 12.23

Acrobat 将自动执行接下来的两个步骤——添加页面过渡效果以及将演示文稿设置为在全屏模式下打开，不需要用户提供输入。最后一个步骤是添加口令，这需要用户提供输入。

❼ 在"文档安全性"对话框中，在"安全性方法"下拉列表中选择"口令安全性"，如图 12.24 所示。

❽ 在"口令安全性 - 设置"对话框的"许可"部分选择"限制文档编辑和打印"复选框，在"更改许可口令"文本框中输入口令 Aquo1234，再单击"确定"按钮，如图 12.25 所示。

图 12.24

> 注意　输入口令时，Acrobat 会显示其强度。为快速执行这个动作，这里使用的口令非常简单，其强度仅为"中等"。设置口令时，应尽可能确保其强度为"强"。

❾ 在出现的消息框中单击"确定"按钮，然后再次输入口令并单击"确定"按钮。单击"关闭"按钮关闭"文档安全性"对话框。

在原来显示动作列表的窗格中，将显示 Prepare Marketing Presentation 动作已完成。

❿ 选择"文件">"另存为"，将这个演示文稿文件命名为 Aquo_meeting.pdf，切换到 Lesson12\Finished_Projects 文件夹，再单击"保存"按钮。

⓫ 关闭这个文档。如果要在全屏模式下查看这个包含页眉和页面过渡效果的演示文稿，可在

第 12 课　使用动作　215

Acrobat 中打开 Aquo_meeting.pdf 文件。查看完演示文稿后，按 Esc 键退出全屏模式，再关闭它。

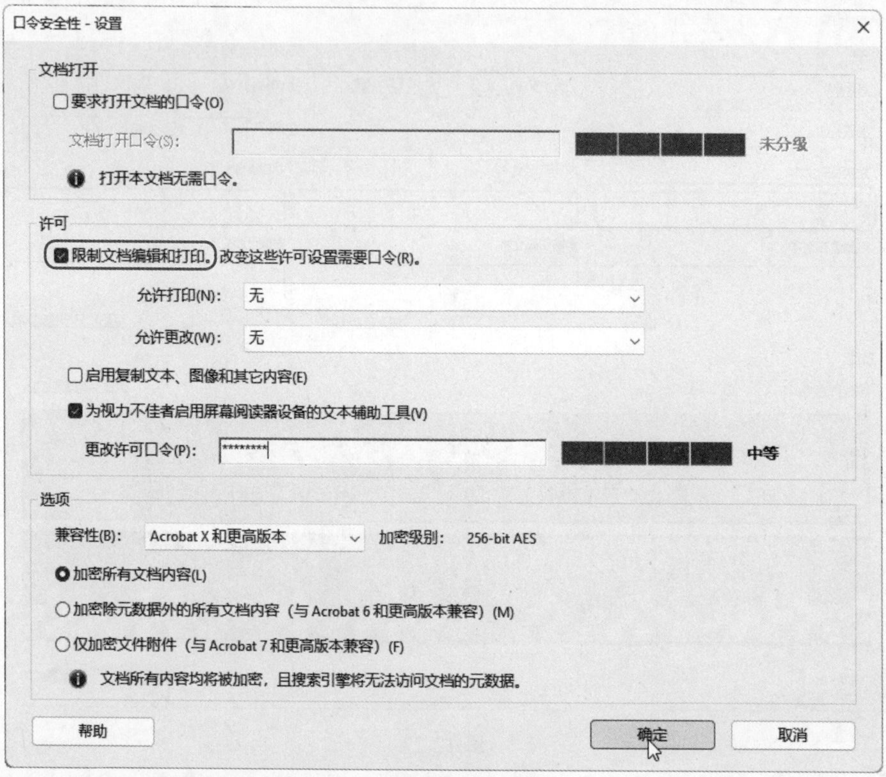

图 12.25

12.4 共享动作

可将创建或编辑后的动作与他人共享。

❶ 如果使用的是 macOS，请打开一个 PDF 文件，以便访问 Acrobat 中的工具。

❷ 单击"动作向导"工具。

❸ 单击"动作向导"工具栏中的"管理动作"，如图 12.26 所示。

图 12.26

❹ 选择 Prepare Marketing Presentation 动作，再单击"导出"按钮，如图 12.27 所示。

> 💡 提示　创建动作后，可对其进行编辑。为此，可单击"管理动作"，在"管理动作"对话框中选择要编辑的动作，再单击"编辑"按钮。

❺ 将这个动作命名为 Prepare Marketing Presentation（默认名称），切换到 Lesson12\Finished_Projects 文件夹，再单击"保存"按钮。

动作文件的扩展名为 .sequ。可将 .sequ 文件复制给其他用户，也可通过电子邮件发送。要打开别人发送给你的 .sequ 文件，可在"管理动作"对话框中单击"导入"按钮，再选择该文件。

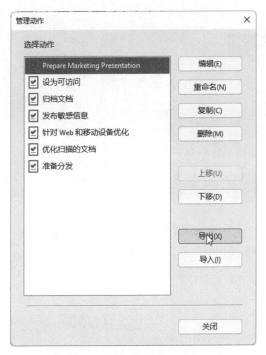

图 12.27

❻ 单击"关闭"按钮关闭"管理动作"对话框,再关闭所有打开的文档,并退出 Acrobat。

避免出现全屏模式警告

默认情况下,PDF 文件被设置为在全屏模式下打开时,Acrobat 将发出警告,因为恶意程序员可能创建外观类似其他应用程序的 PDF 文件。如果选择"记住我在本文件的选择"复选框,以后再在当前计算机上打开演示文稿时,Acrobat 将不再显示警告。如果是在自己的计算机上播放演示文稿,可修改首选项,让 Acrobat 不在播放演示文稿时显示警告。为此,可选择"编辑">"首选项"(Windows)或"Acrobat">"首选项"(macOS),单击"首选项"对话框左边列表中的"全屏",再取消选择"文档要求全屏显示时进行警告"复选框。

12.5 复习题

❶ 动作是什么？

❷ 如何向用户提供额外的信息？

❸ 如何与他人共享动作？

12.6 复习题答案

❶ 动作是一系列步骤，其中有些步骤（如给文档添加标签）可由 Acrobat 自动完成，有些步骤（如删除隐藏信息）要求用户提供输入（如要删除或添加的信息，或者要使用的设置），还有些步骤（如添加书签）无法自动完成，因为创建和命名书签需要人工干预。

❷ 要向用户提供额外的信息，可单击"添加说明"按钮，再输入要提供的信息。

❸ 要共享动作，可单击"动作向导"工具栏中的"管理动作"，选择要共享的动作，单击"导出"按钮，然后将生成的 .sequ 文件发送给其他人。

第 13 课

Acrobat 在专业出版中的应用

本课概览

- 学习如何创建适合高分辨率打印的 Adobe PDF 文件。
- 对 Adobe PDF 文件进行印前检查，以检查质量和一致性（Acrobat Pro）。
- 查看透明对象对页面的影响（Acrobat Pro）。
- 设置色彩管理。
- 使用 Acrobat 生成分色。

学习本课大约需要 分钟

Acrobat Pro 提供了专业印刷工具，包括印前检查和透明度预览，让你能够输出高品质的作品。

13.1 创建用于打印和印前的 PDF 文件

第 2 课介绍过，将文档转换为 PDF 文件有多种方法。不管选择哪种方法，都需要根据输出类型使用合适的 PDF 预设。对于高分辨率的专业印刷，可指定 PDF 预设为"印刷质量"或使用印刷商提供的自定义 PDF 预设。

13.1.1 Adobe PDF 预设

PDF 预设是一组影响 PDF 文件创建方式的设置，这些设置将在文件大小和质量之间取得平衡。大部分预设在 Adobe 应用程序之间共享，包括 InDesign、Illustrator、Photoshop 和 Acrobat。还可根据自己的输出需求创建并共享自定义预设。

有些预设包含"（日本）"字样，它们是专门针对日本的印刷工作流程而设计的。有关每种预设的详细描述，请参阅 Acrobat 帮助文档。

- 高质量打印：创建使用桌面打印机和校样设备进行打印的 PDF 文件。
- 超大页面：创建适合查看和打印大于 200 英寸 × 200 英寸的工程制图 PDF 文件。
- PDF/A-1b（CMYK 和 RGB）：用于电子文档的长期保存（归档）。
- PDF/X-1a：最大限度地减少了 PDF 文档的变数，以提高文档的可靠性。PDF/X-1a 常用于要使用印刷机印刷的数字广告。
- PDF/X-3：与 PDF/X-1a 文件相似，但支持在工作流程中进行色彩管理和使用部分 RGB 图像。
- PDF/X-4：与 PDF/X-3 一样支持 ICC 色彩管理规范，但还支持实时透明度。
- 印刷质量：创建用于高质量印刷（例如，用于数码印刷或分色到照排机或制版机）的 PDF 文件。
- 最小文件大小：创建在 Web 或局域网上显示或通过电子邮件系统分发的 PDF 文件。
- 标准：创建要使用桌面打印机或数字复印机进行打印、以 CD 方式进行出版或作为出版校样发送给客户的 PDF 文件。

用于打印的 PDF 文件创建指南

当你把 PDF 文件提交给打印机时，打印效果就已经定下来了。有时即使你提供的 PDF 文件不太理想，打印机还是可以打印出高品质的印刷品。但是，大多数时候，打印机都是严格按照 PDF 文件来打印的。因此，要想获得较好的打印效果，最好是提供高品质的 PDF 文件。要创建出高品质的 PDF 文件，可遵循以下规范。

- 最终打印效果取决于各个组成部分的状态。要获得高品质的印刷输出，PDF 文件必须包含合适的图像、字体和其他组成部分。
- 仅当绝对必要时才进行转换。每次转换文本、对象和颜色时，都会破坏文件的完整性。因此，只有最大限度地减少转换，印刷产品才能最大限度地达到预期效果。例如，保留文本为原始格式，而不要将其栅格化；保留渐变并尽可能保留透明度。最好不要将颜色从独立于设备或大色域的颜色空间（如 RGB）转换到依赖于设备或小色域的颜色空间（如 CMYK）。
- 高效地使用透明度。只要你应用混合模式或修改对象的不透明度，透明度就会发挥作用。为获得较好的结果，应将透明度保留尽可能长的时间。对于不希望受到拼合影响的对象（如文本和线条图），与其将它放到几乎透明的区域，不如将其放在独立的图层中。拼合透明度时，使用最高品质的拼合设置。

- 创建 PDF 文件前进行校样和印前检查。在工作流程的早期更容易发现问题，修复问题的方案也更多。创建 PDF 文件前，仔细校对内容和格式。另外，如果制作程序提供了印前检查功能，可使用它来找出缺失的字体、未链接的图像以及其他可能在后面的工作流程中带来麻烦的问题。发现并修复问题的时间越早，修复起来越容易，付出的代价也越低。显然，相比于在 Acrobat 和印刷过程中发现的问题，在使用制作程序时发现的问题修复起来更容易。
- 嵌入字体。为最大限度地减少后续的麻烦，应将字体嵌入 PDF 文件中。购买字体前阅读最终用户许可协议（End User License Agreement，EULA），确保可将字体嵌入 PDF 文件中。
- 使用合适的 PDF 预设。创建 PDF 文件时，确保使用合适的设置。PDF 预设决定了如何保存图像数据、是否嵌入字体以及是否转换颜色。默认情况下，Microsoft Office 中的 Acrobat PDFMaker 使用"标准"预设创建 PDF 文件，但这不能满足大多数高端印刷的需求。无论使用哪种应用程序来创建用于专业印刷的 PDF 文件，务必使用"印刷质量"、PDF/X-1a 预设或印刷商推荐使用的预设。
- 在合适的情况下创建 PDF/X 文件。PDF/X 是 Adobe PDF 规范的一个子集，要求 PDF 文件满足特定条件，可生成更可靠的 PDF 文件。遵循 PDF/X 标准可避免制作文件时遇到一些常见错误：没有嵌入字体、颜色空间不正确、缺失图像以及叠印问题。PDF/X-1a、PDF/X-3 和 PDF/X-4 是流行的格式，用于不同的设计目的。请询问印刷商是否要将文件保存为 PDF/X 格式。

13.1.2 创建 PDF 文件

在任何应用程序中，都可使用"打印"命令来创建 PDF 文件。你可使用任何既有文档，也可新建一个文档。下面的操作步骤适用于大部分应用程序。

① 在原始应用程序中打开任意一个文档。

② 选择"文件">"打印"。

> 注意 有些应用程序不使用标准"打印"对话框来创建 PDF 文件。例如，在 InDesign 中，要将文档保存为 PDF 文件，需要使用"导出"命令。

③ 在 Windows 中，在打印机列表中选择"Adobe PDF"。根据使用的应用程序单击"属性""首选项""设置""打印机属性"（如图 13.1 所示），再选择"印刷质量"或自定义的 PDF 预设。

在 macOS 中，单击"PDF"并选择"Save as Adobe PDF"，如图 13.2 所示。在打开的"另存为 Adobe PDF"对话框中，在"Adobe PDF 设置"下拉列表中选择"印刷质量"或自定义的 PDF 预设，再单击"继续"按钮。

④ 在 Windows 中，在"Adobe PDF 输出文件夹"下拉列表中选择"提示输入 Adobe PDF 文件名"（如图 13.3 所示），再单击"确定"按钮。如果没有选择该选项，Adobe PDF 打印机将把文件存储在 My Documents 文件夹中。在 macOS 中，系统会自动提示你指定文件名和存储位置。

图 13.1

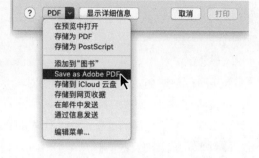

图 13.2

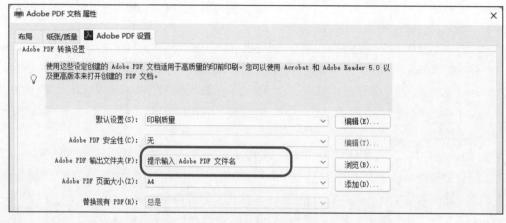

图 13.3

❺ 在 Windows 中，单击"打印"或"确定"按钮。

❻ 出现提示时，给 PDF 文件指定名称和保存位置，再单击"保存"按钮。

❼ 关闭 PDF 文件和原始文档。

有关如何选择 PDF 预设的更详细信息，请参阅 Acrobat 帮助文档。

13.2 印前检查（Acrobat Pro）

将 PDF 文件交给印刷商前，应进行印前检查，确保它满足印刷出版需求。除可以发现潜在的问题外，很多印前检查配置文件还提供了修复措施，可修复发现的问题。

可以询问印刷商应使用哪个印前检查配置文件，以便准确地对文档进行印前检查。很多印刷商都向客户提供了自定义的印前检查配置文件。

下面对一个文件进行印前检查，确定它是否适合数字印刷。

❶ 在 Acrobat Pro 中选择"文件">"打开"，切换到 Lesson13\Assets 文件夹，选择 Profile.pdf 文件，再单击"打开"按钮。

❷ 单击"工具"标签打开工具中心，在"保护和标准化"类别中"印刷制作"工具下方的下拉列表中选择"添加快捷方式"，将这个工具添加到"工具"窗格中。本节将多次用到这个工具。

❸ 在"工具"窗格中单击"印刷制作"。

❹ 在右边的窗格中单击"印前检查",如图 13.4 所示。

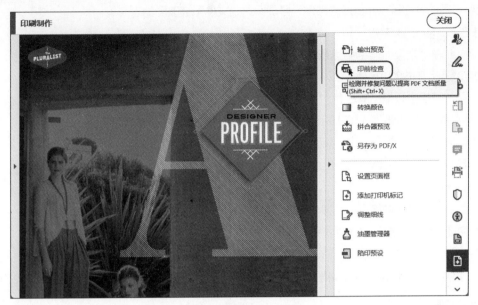

图 13.4

此时将打开"印前检查"对话框,其中列出了可用的印前检查配置文件,并根据要执行的测试对它们进行了分类。

❺ 单击"数字印刷和联机发布"旁边的三角形,将其展开。

❻ 选择"数码印刷(彩色)"配置文件。

选择这个配置文件后,Acrobat 将显示有关它的描述。

❼ 单击"分析和修复"按钮,如图 13.5 所示。

图 13.5

❽ 在"另存为"对话框中，将修复后的文件命名为 Profile_fixed.pdf，切换到 Lesson13\Finished_Projects 文件夹，再单击"保存"按钮。

使用不同的名称保存修复后的文件，可确保原始文件不被破坏。

❾ 查看印前检查结果。

Acrobat 在"结果"窗格中显示印前检查结果。对于当前文件，Acrobat 执行了多种修复：压缩、颜色转换、透明度拼合和其他修改。

"结果"窗格中还指出有白色对象未设置为镂空状态。如果要通过专业印刷商印刷该文档，可能需要与印刷商联系，确保印刷该文档时这些因素不会导致问题。

❿ 单击"创建报告"按钮，如图 13.6 所示。

⓫ 切换到 Lesson13\Finished_Projects 文件夹，再单击"保存"按钮，使用默认文件名 Profile_fixed_ 报告 .pdf 保存报告。

Acrobat 将创建印前检查小结报告，并打开该 PDF 文件。

⓬ 关闭"印前检查"对话框，并阅读印前检查小结报告。

如果对如何准备文件有疑问，可将印前检查小结报告发送给印刷商。这里的报告包含 5 个页面，其中第 1 页为修正和错误小结（如图 13.7 所示），接下来是文档本身，其中包含注释，指出了存在错误的地方。

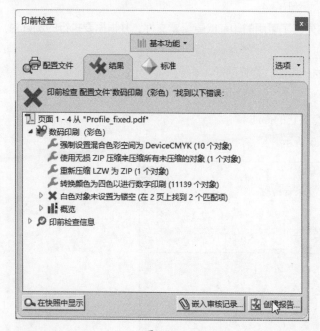

图 13.6

图 13.7

⓭ 选择"文件">"关闭"，将印前检查小结报告关闭。再选择"文件">"关闭"，将文件 Profile_fixed.pdf 关闭。

💡 提示　可隐藏 / 显示在制作程序中创建的各个图层，并指定要打印哪些图层。有关显示、隐藏和打印图层的详细信息，请参阅 Acrobat 帮助文档。

定制印前检查配置文件

用户可定制 Acrobat 提供的印前检查配置文件、导入印刷商提供的配置文件或创建自定义的配置文件。要创建新的配置文件，打开"印前检查"对话框，再在"选项"下拉列表中选择"创建配置文件"。要修改现有的配置文件，可选择它并单击它旁边的"编辑"按钮。如果配置文件被锁定，选择"未锁定"，为配置文件指定新名称，指定要将配置文件加入哪个编组；然后展开该配置文件，单击其中的标准，并添加或删除检查或修复。完成后保存配置文件。

要导入印前检查配置文件，可打开"印前检查"对话框，在"选项"下拉列表中选择"导入配置文件"，再选择要导入的配置文件（其扩展名为 .kfp），并单击"打开"按钮。

要导出配置文件，可选择要共享的配置文件，在"选项"下拉列表中选择"导出配置文件"，再为配置文件指定名称和保存位置。

13.3 处理透明度（Acrobat Pro）

在 Adobe 应用程序中，可以影响底层作品的方式修改对象，从而创建透明效果。这可在 InDesign、Illustrator、Photoshop 等应用程序中使用不透明度选项来实现，也可通过修改图层或选定对象的混合模式来实现。创建投影或应用羽化效果时，透明度也将起作用。当用户将文档从一个应用程序移到另一个应用程序时，Adobe 应用程序将保持透明度可编辑，但打印前必须拼合透明度。在 Acrobat Pro 中，可查看文档的哪些区域受透明度影响以及这些区域将如何打印。

13.3.1 预览透明度

使用大多数打印机打印文档时，透明度都将被拼合。在拼合过程中，任何重叠的对象都将被转换为独立的矢量形状或栅格化像素，以保留透明效果，如图 13.8 所示。

> 注意　如果印刷商使用的是包含 Adobe PDF 印刷引擎的栅格图像处理器（Raster Image Processor, RIP），可能不需要拼合透明度。

如图 13.9 所示，拼合前，可指定透明区域保留为矢量格式和被栅格化的比例。有些效果（如投影）必须栅格化才能被正确打印。

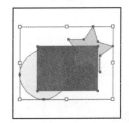

拼合前的对象　　　拼合后的对象

图 13.8

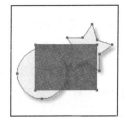

图 13.9

对于别人创建的 PDF 文件，你可能不知道其中是否应用了透明度。Acrobat 提供了透明度预览功能，让你能够知道在文档的什么地方应用了透明度。这项功能还可帮助确定打印文档时使用哪种拼合器设置最好。

> **提示** 在 Acrobat Pro 中，可快速确定 PDF 文件是否应用了透明度：单击"印刷制作"工具，再在右边的窗格中选择"输出预览"。此时将打开"输出预览"对话框，其底部指出了页面中是否包含透明度。如果未包含透明度，就没有必要进行拼合操作。

PDF 标准

PDF 标准属于国际标准，用于简化图像内容交换（PDF/X）、将文档归档（PDF/A）或设计工作流程（PDF/E）。在印刷出版工作流程中，最常用的标准包括 PDF/X-1a、PDF/X-3 和 PDF/X-4。

在 Acrobat Pro 中，可检查 PDF 内容是否满足 PDF/X、PDF/A 或 PDF/E 指定的条件，并将文档另存为 PDF/X、PDF/A 或 PDF/E 格式，只要文档满足指定的要求。在 Adobe 应用程序中使用"打印"、"导出"或"保存"命令创建 PDF 文件时，也可将其存储为 PDF/X 或 PDF/A 文件。

在 Acrobat 或 Acrobat Reader 中，可在"标准"面板中查看有关当前文件在遵循标准方面的信息，但仅当当前文件符合某种标准时，"标准"面板才可用。要打开这个面板，可选择"视图" > "显示/隐藏" > "导览窗格" > "标准"。如果使用的是 Acrobat Pro，可单击"标准"面板中的"验证符合性"，这将使用印前检查功能验证 PDF 文件是否是有效的 PDF/X 或 PDF/A 文件。

在 Acrobat Pro 中，要将现有 PDF 文件另存为 PDF/X、PDF/A 或 PDF/E 文件，可参考采取如下步骤。

❶ 选择"文件" > "另存为"。

❷ 指定要将文件保存到哪个文件夹。

❸ 在"另存为"对话框中，在"保存类型"或"格式"下拉列表中选择 PDF/A、PDF/E 或 PDF/X，再单击"设置"按钮。

❹ 选择版本标准和其他选项，再单击"确定"按钮。

❺ 在"另存为"对话框中，给转换后的文件命名，再单击"保存"按钮。

Acrobat 将对文件进行转换，并显示有关转换进度的消息。

下面来预览 Profile.pdf 文件中的透明度。

❶ 打开 Lesson13\Assets 文件夹中的 Profile.pdf 文件。

❷ 切换到第 1 页。如果无法看到整个页面，选择"视图" > "缩放" > "缩放到页面级别"。

❸ 单击"印刷制作"工具，再在右边窗格中单击"拼合器预览"。

在"拼合器预览"对话框的右边，显示了第 1 页的预览效果，如图 13.10 所示。

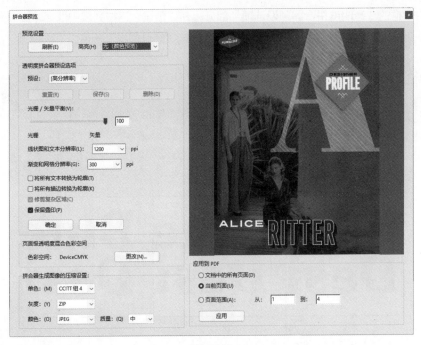

图 13.10

13.3.2 指定拼合器预览设置

可选择不同的设置，从而从不同的角度预览透明度对文档中对象的影响。

❶ 在"拼合器预览"对话框中，在"高亮"下拉列表中选择"所有受影响的对象"，几乎整个页面都会高亮显示（显示为红色），表明对象具有透明度属性或与有透明度属性的对象存在交互，如图 13.11 所示。只有几个对象不受透明度的影响，其中包括页面底部的文本。

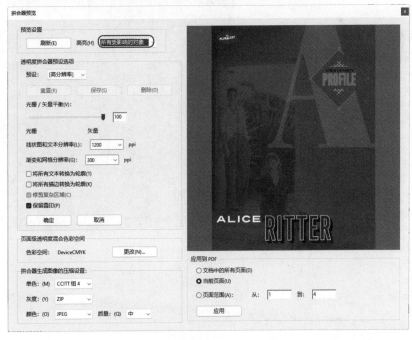

图 13.11

❷ 在对话框的"透明度拼合器预设选项"部分,在"预设"下拉列表中选择"高分辨率"。对于专业级印刷,除非印刷商建议使用其他预设,否则应使用"高分辨率"预设。

何为栅格化

栅格化是将矢量对象(包括字体)转换为位图图像以便显示和打印的过程。每英寸的像素数(像素/英寸)被称为分辨率。栅格图像的分辨率越高,质量越好(如图 13.12 所示,其中左边为矢量对象,中间和右边分别是使用 72 像素/英寸和 300 像素/英寸进行栅格化的结果)。执行拼合时,根据拼合设置,有些对象可能需要栅格化。

图 13.12

❸ 单击"光栅/矢量平衡"滑块的左侧或在文本框中输入 0,在"预览设置"部分单击"刷新"按钮,并在"高亮"下拉列表中选择"所有受影响的对象"。页面的所有内容都显示为红色,这表明所有内容都将被栅格化,如图 13.13 所示。

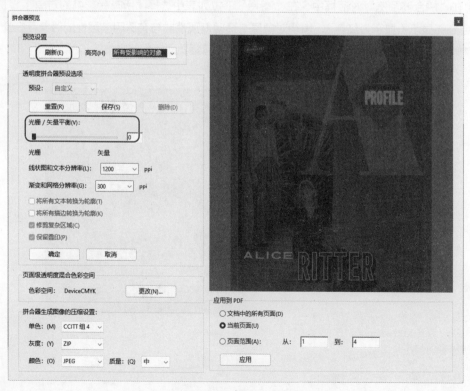

图 13.13

❹ 选择其他设置，并查看其对文档的影响。查看完毕后，单击"拼合器预览"对话框右上角（Windows）或左上角（macOS）的"关闭"按钮将其关闭，而不应用设置。

如果要在印刷时使用选定的透明度拼合器设置，可在"拼合器预览"对话框中单击"应用"按钮。

> 💡 提示　有关透明度印刷方面的更详细信息，请参阅 Adobe 官方网站中的相关信息。

"拼合器预览"对话框中的拼合选项

- 线状图和文本分辨率：指定以什么样的分辨率栅格化线条和文本。由于线条和文本的边缘的对比度更高，所以需要以更高的分辨率进行栅格化才能确保高质量的外观。打印校样时，300 像素 / 英寸的分辨率就足够了，但在进行最终的高质量输出时应使用更高的分辨率。对高质量输出而言，1200 像素 / 英寸的分辨率通常就足够了。
- 渐变和网格分辨率：指定以什么样的分辨率栅格化渐变和网格（有时被称为混合）。应根据要使用的打印机设置合适的渐变和网格分辨率。使用通用激光打印机或喷墨打印机打印校样时，默认设置 150 像素 / 英寸是合适的。在最高质量的输出设备（如胶片或印版输出设备）上印刷时，300 像素 / 英寸的分辨率通常就足够了。
- 将所有文本转换为轮廓：确保作品中所有文本的粗细保持一致。然而，将小字体转换为轮廓可能使其明显变粗且难以阅读（尤其是在低端打印系统上打印时）。
- 将所有描边转换为轮廓：确保作品中所有描边的粗细保持一致。然而，选择该选项会导致细描边稍稍变粗（尤其是在低端打印系统上打印时）。
- 修剪复杂区域：确保矢量作品和栅格化作品之间的边界沿对象路径延伸。当对象的一部分被栅格化，而另一部分保留矢量格式（由"光栅 / 矢量平衡"滑块决定）时，该选项可降低边缘扭曲程度。需要注意的是，选择该选项可能导致极其复杂的路径修剪，这需要大量的时间进行计算，并可能在打印时出现误差。
- 保留叠印：将作品中透明区域的颜色与背景颜色混合，以创建叠印效果。叠印颜色是通过使用多种油墨在同一个位置印刷得到的。例如，在黄色油墨上使用青色油墨印刷时，叠印结果为绿色。如果不使用叠印，下面的黄色将不会被印刷，结果为青色。

13.4 设置色彩管理

使用色彩管理功能可确保整个工作流程中颜色的一致性。色彩配置文件描述了设备的特征，而色彩管理使用配置文件将一种设备（如计算机显示器）支持的颜色转换为另一种设备（如打印机）支持的颜色。

❶ 选择"编辑">"首选项"（Windows）或"Acrobat">"首选项"（macOS），再单击"首选项"对话框左边的"色彩管理"。

❷ 在"设置"下拉列表中选择"北美印前 2"，如图 13.14 所示。该设置可让 Acrobat 显示的颜色与使用北美印刷标准进行印刷时显示的颜色一样。

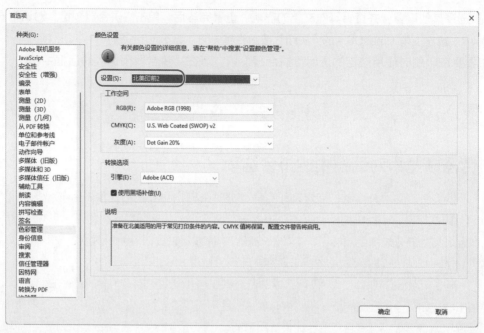

图 13.14

> **注意** 在 Adobe Bridge 中,可在所有 Adobe 应用程序之间同步色彩管理。有关这方面的详细信息,请参阅 Bridge 帮助文档。

选择的"设置"决定了应用程序将使用哪个颜色工作空间,以及色彩管理系统将如何转换颜色。要查看设置的说明,可选择"设置",对话框底部将出现有关它的说明。

ACE(Adobe Color Engine)也是其他 Adobe 图形软件使用的色彩管理引擎,因此可以确信在其他 Adobe 应用程序中将反映出在 Acrobat 中应用的色彩管理。

❸ 单击"确定"按钮关闭"首选项"对话框。

13.5 预览打印作业(Acrobat Pro)

前面预览了透明度的打印结果,下面来预览分色并查看各个对象的分辨率,并执行软校样,即在屏幕上校对文档,而不用将其打印出来。

13.5.1 预览分色

为重现色调连续的彩色图像,印刷商通常将作品分色到 4 个印版(印刷色),其中每个印版分别对应图像的青色、洋红色、黄色和黑色部分。也可包含预先混合好的自定义油墨(称为专色),专色必须使用独立的印版。当油墨颜色正确且印版彼此对齐时,这些颜色将合并以重现原始作品。印版也称为分色。

下面使用"输出预览"对话框来预览该文档的分色。

❶ 确保当前在文档窗口中显示的是第 1 页,且选择了"印刷制作"工具。

❷ 单击右边窗格中的"输出预览",如图 13.15 所示。

❸ 在"输出预览"对话框的"预览"下拉列表中选择"分色",如图 13.16 所示。

图 13.15

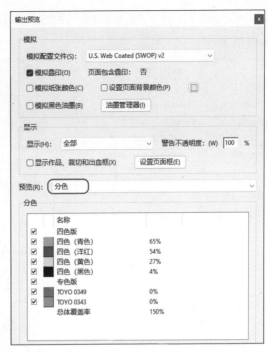

图 13.16

对话框的"分色"部分列出了印刷该文档时将使用的所有油墨：4 种印刷色（青色、洋红、黄色和黑色）和两种专色（TOYO 0349 和 TOYO 0343）。

❹ 将"输出预览"对话框拖到一边，以便看到文档内容。在"输出预览"对话框中，除 TOYO 0349 外，取消选择其他所有油墨，依然出现在页面上的内容使用的是当前选定的油墨，如图 13.17 所示。

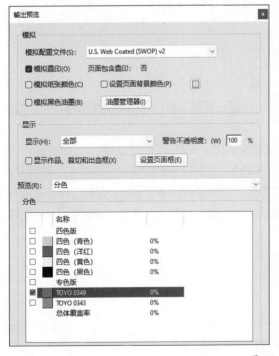

图 13.17

第 13 课　Acrobat 在专业出版中的应用　231

❺ 取消选择 TOYO 0349，并选择"四色（洋红）"，将只显示包含在洋红色印版中的内容，如图 13.18 所示。

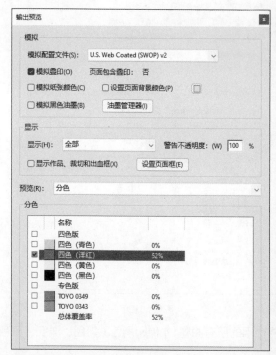

图 13.18

> 提示　如果要将专色映射到印刷色，以减少印版数量，进而降低印刷作业的成本，可使用"油墨管理器"（可通过"输出预览"对话框打开）。

❻ 再次选择所有的油墨。

13.5.2　对文档进行软校样

可使用"输出预览"对话框对文档进行软校样，以便在屏幕上看到文档印刷出来的效果。为此，可使用模拟设置来模拟颜色。

在"模拟配置文件"下拉列表中选择不同的配置文件时，屏幕上显示的颜色将发生变化。对文档进行软校样时，应选择与输出设备匹配的模拟配置文件。如果使用经过精确校准的 ICC 配置文件，并校准了显示器，屏幕预览效果将与最终输出效果匹配。如果没有校准显示器或配置文件，屏幕预览效果可能与最终输出效果不完全匹配。有关校准显示器和配置文件的详细信息，请参阅 Acrobat 帮助文档。

> 注意　如果处理的是 PDF/X 或 PDF/A 文件，则内嵌在文件中的色彩配置文件会被自动选中。

13.5.3　检查 PDF 文件中的对象

使用"对象检查器"可更仔细地检查 PDF 文件中的图像和文本。"对象检查器"显示了选定对象的图像分辨率、颜色模式、透明度和其他信息。

下面来检查第 2 页中图像的分辨率。

❶ 在"输出预览"对话框中，在"预览"下拉列表中选择"对象检查器"。

❷ 滚动到第 2 页，并单击其中的女性图像，如图 13.19 所示。

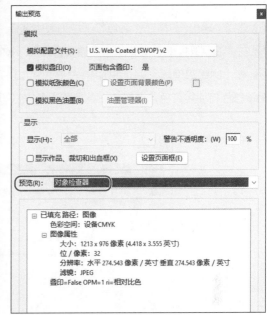

图 13.19

"对象检查器"列出了被单击的图像的属性，其中包括图像分辨率，这里为 274.543 像素 × 274.543 像素。

❸ 单击该页面中的正文，"对象检查器"将显示有关这些文本的信息，其中包括字体和字号。

❹ 关闭"输出预览"对话框，再关闭"印刷制作"工具。

13.6 高级打印控制

下面使用 Acrobat Pro 的高级打印功能生成分色、添加打印标记以及控制透明对象和复杂对象的成像方式。

> 提示　在 Acrobat 和 Adobe Reader 的所有版本中，都自动使用叠印预览 PDF/X 文件。在 Acrobat"首选项"对话框的"页面显示"部分，可修改设置以使用叠印预览所有文件。

❶ 选择"文件">"打印"。

❷ 在"打印"对话框中，选择一台 PostScript 打印机。在 Windows 中，如果没有 PostScript 打印机，可选择 Adobe PDF。

有些高级打印选项（包括分色）只有 PostScript 打印机才有。Adobe PDF 打印机使用的是 PostScript 打印机驱动程序，因此包含本节介绍的选项。

❸ 在"要打印的页面"部分选择"所有页面"单选按钮。

❹ 在"调整页面大小和处理页面"部分，单击"大小"标签，再选择"适合"单选按钮。"适合"

选项将缩小或放大页面以适应纸张尺寸。

❺ 单击"高级"按钮，它位于"打印"对话框顶部附近。

弹出"高级打印设置"对话框，其左边有 4 个选项："输出""标记和出血""PostScript 选项""色彩管理"。

❻ 选择"输出"，再在"颜色"下拉列表中选择"分色"。

❼ 在"油墨管理器"部分单击"油墨管理器"按钮。

❽ 在"油墨管理器"对话框中单击 TOYO 0349 左边的专色图标，该图标将变成 CMYK 色板，这表明该颜色将使用青色、洋红色、黄色和黑色来打印，如图 13.20 所示。

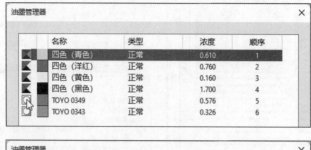

图 13.20

Acrobat 将混合青色和黑色来模拟用于生成专色 TOYO 0349 的专用油墨。在很多情况下，与添加一种全新的专色油墨相比，混合 CMYK 油墨来模拟专色的成本更低。

为将所有专色都转换为对应的 CMYK 组合，选择"将所有专色转换为印刷色"复选框。

❾ 单击"确定"按钮关闭"油墨管理器"对话框。

❿ 在"高级打印设置"对话框中，在左边的列表中选择"标记和出血"。选择"所有标记"复选框，以启用在文档边缘外面创建的裁切标记、出血标记、对齐标记、颜色条和页面信息，如图 13.21 所示。

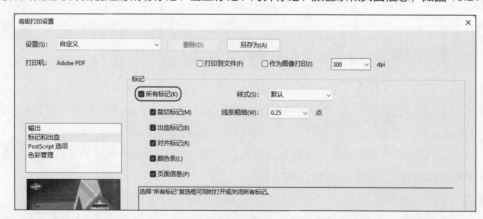

图 13.21

⑪ 在左边的列表中选择"色彩管理"。

⑫ 在"颜色处理"下拉列表中选择"Acrobat 色彩管理"。

⑬ 在"色彩配置文件"下拉列表中选择"工作 CMYK：U.S. Web Coated（SWOP）v2"，如图 13.22 所示。

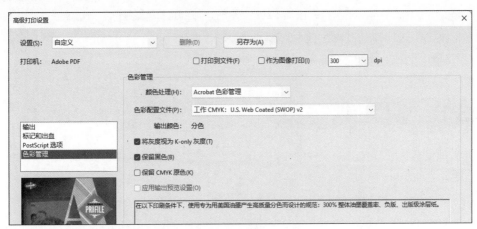

图 13.22

选择的色彩配置文件应与要用于打印的设备匹配。

> **提示** 如果选择的打印机不支持 CMYK 打印，"色彩配置文件"下拉列表中将没有以"工作 CMYK"字样开头的配置文件。在这种情况下，请选择以"工作 RGB"字样开头的配置文件。

⑭ 单击"高级打印设置"对话框顶部的"另存为"按钮，使用名称 Profile 保存设置，再单击"确定"按钮。

保存设置后，其名称将添加到"设置"下拉列表中，这样可在以后的打印作业中重用它们，而无须重新输入针对特定打印作业或输出设备使用的设置。

⑮ 单击"确定"按钮关闭"高级打印设置"对话框。再单击"打印"按钮打印该文档或单击"取消"按钮放弃打印。

⑯ 关闭文档，再退出 Acrobat。

13.7 复习题

❶ PDF 预设是什么？
❷ 在 macOS 中使用"打印"命令创建 PDF 文件时，如何选择预设？
❸ "印前检查"能检测出 PDF 文档中的哪些问题？
❹ 何为专色？打印分色时如何将专色映射到印刷色？

13.8 复习题答案

❶ PDF 预设是一组影响 PDF 文件创建方式的设置，这些设置根据 PDF 文件的用途在文件大小和质量之间取得平衡。
❷ 在 macOS 中，要选择其他预设，首先在"打印"对话框的"PDF"下拉列表中选择"Save as Adobe PDF"，再在"Adobe PDF 设置"下拉列表中选择所需的预设。
❸ 使用"印前检查"可检查 PDF 文件的各个方面。例如，如果要将 PDF 文件发送给专业印刷商，可对文档进行印前检查，以核实是否嵌入了字体、图像的分辨率是否合适以及颜色是否正确。
❹ 专色是一种预先混合好的特殊油墨，用于代替或补充 CMYK 印刷油墨，需要使用专门的印版。如果不要求颜色绝对准确，且同时使用专色印版和 CMYK 印版不现实，可使用"油墨管理器"将专色重新映射到印刷色。为此，在"高级打印设置"对话框中选择"分色"，再单击"油墨管理器"按钮。在"油墨管理器"对话框中单击专色左边的图标，将专色重新映射到印刷色。